多聚磷酸改性沥青及混合料性能研究

周育名　魏建国　时　松　黄美燕　著

黄河水利出版社
·郑州·

内 容 简 介

本书针对现有多聚磷酸(polyphosphoric acid,PPA)改性沥青机制和技术性能研究的局限性开展了系统研究。全书分为6章:第1章总结了国内外关于PPA改性沥青技术的研究现状和存在的问题,并给出了相应的研究思路;第2章对PPA单一/复合改性沥青进行常规性能试验,给出了PPA和聚合物改性剂的最佳掺量范围;第3章对PPA单一/复合改性沥青的流变性能进行了研究,得出PPA可代替部分聚合物掺量,节约材料成本;第4章探究了PPA改性沥青的微观结构,分析了沥青的组分变化,揭示了PPA的改性机制;第5章开展了PPA改性沥青混合料的高低温性能和水稳定性能的研究;第6章总结了工作成果。

本书对基于PPA改性剂的材料使用、路面设计、施工及养护等具有重要的理论及工程应用价值,可供道路工程领域的研究人员阅读参考。

图书在版编目(CIP)数据

多聚磷酸改性沥青及混合料性能研究/周育名等著
.—郑州:黄河水利出版社,2023.4
ISBN 978-7-5509-3554-9

Ⅰ.①多… Ⅱ.①周… Ⅲ.①磷酸-聚合物-改性沥青-沥青拌和料-研究 Ⅳ.①TE626.8

中国国家版本馆CIP数据核字(2023)第071775号

组稿编辑 贾会珍 电话:0371-66028027 E-mail:110885539@qq.com

责任编辑 陈彦霞 责任校对 王单飞
封面设计 李思璇 责任监制 常红昕
出版发行 黄河水利出版社
地址:河南省郑州市顺河路49号 邮政编码:450003
网址:www.yrcp.com E-mail:hhslcbs@126.com
发行部电话:0371-66020550
承印单位 郑州市今日文教印制有限公司
开 本 787 mm×1 092 mm 1/16
印 张 9.5
字 数 220千字
版次印次 2023年4月第1版 2023年4月第1次印刷

定 价 56.00元

前　言

多聚磷酸(polyphosphoric acid,PPA)作为一种沥青改性剂,可有效解决传统聚合物改性剂与沥青相容性差、易离析等问题。目前我国 PPA 改性沥青应用较少,究其原因是 PPA 改性沥青的标准体系尚不明确,且在机制分析和微观结构等方面缺乏系统性研究,在一定程度上限制了其推广应用。同时,研究人员就 PPA 能有效改善沥青的高温稳定性和抗疲劳性能方面基本达成共识,但在 PPA 改性沥青及其混合料的低温稳定性和水稳定性方面存在争议。基于此,针对现有 PPA 微观机制和技术性能研究的局限性开展了系统研究。

本书采用理论分析与试验研究相结合的方式,针对 PPA 单一改性沥青,PPA/SBS、PPA/SBR 复合改性沥青及其混合料的技术性能、微观结构及改性机制开展研究,明确了 PPA 改性沥青原材料性质、常规性能及其与不同影响因素的相关性分析,探究了 PPA 改性沥青及混合料高低温性能、水稳定性能等,并基于 SEM、SARA、FTIR 等试验解释了 PPA 单一/复合改性沥青的微观形貌变化和改性机制。

本书在研究过程中得到了国家自然科学基金项目(52108396)、湖南省教育厅优秀青年科研项目(19B032)的大力支持,在此表示由衷的感谢!本书内容共分为绪论、多聚磷酸改性沥青常规性能研究、多聚磷酸改性沥青流变性能研究、多聚磷酸改性沥青微观结构及改性机制研究、多聚磷酸改性沥青混合料性能研究、结论等 6 章。其中第 1 章、第 3 章、第 6 章由长沙理工大学周育名撰写,第 2 章由长沙理工大学魏建国撰写,第 4 章由河南省铁路建设投资集团有限公司时松撰写,第 5 章由湖南城建职业技术学院黄美燕撰写;郭云龙、岳浩、段旭瑞、余帆、俱浩龙参与本书中试验数据整理、文字编辑及书稿整理工作。

本书所涉及的多聚磷酸改性沥青是目前国内外道路工程界研究的热点问题,虽然进行了系统研究,但是对多聚磷酸和沥青发生化学反应的具体成分或基团需要进一步研究确定。

鉴于作者水平有限,书中的不足和缺点在所难免,恳求各位专家和读者批评指正。

作　者

2023 年 2 月

目　录

第 1 章　绪　论

1.1　研究背景及意义

随着经济的高速发展，我国交通运输行业蓬勃发展。截至 2021 年底，我国已通车高速公路总里程达 16.91 万 km，较 2020 年增加 0.81 万 km，高速公路建设仍呈现出快速增长的形势。沥青路面因其行车舒适、开放交通迅速、养护维修便利等优点成为修建高等级路面的首选类型。相关数据表明，沥青路面占我国总路面的 90%。沥青路面常年处于不同的温度条件下，需满足高温时的稳定性、低温时的抗裂性及中温时的耐疲劳性能才能拥有良好的路用性能。当高温稳定性不足时，沥青路面抵抗行车荷载的能力不足，最终产生不可恢复的永久变形；而在低温条件下，沥青是一种感温性材料，温度的下降会在路面内部产生温度应力，当温度应力积累到一定限值时，就会在路表面产生低温横向裂缝；在车轮荷载的反复作用下，路面会产生疲劳开裂，形成网状裂纹。然而，随着交通量的迅猛增长、车辆超载和道路渠化问题的日益加重，现有沥青路面在使用 3~5 年就开始出现坑槽、车辙、裂缝等病害，导致雨水下渗，大大降低了沥青路面的使用寿命。

要解决路面早期损害及延长公路使用寿命等问题，除对路面结构进行合理的设计、严格的施工把控外，还需要更优质的沥青结合料、性能更好的沥青，以提高路面的路用性能，从而增强路面的耐久性、减少道路养护的费用。

使用沥青改性剂可以很好地解决基质沥青使用性能不足的问题。国外一些国家使用改性剂的时间已有 50 多年，且形成了一套成熟的规范体系；在国内，目前在建的高等级公路大多会选用改性沥青结合料，以延长道路的使用年限。改性剂的种类繁多，从性质上可将其划分为聚合物类改性剂和非聚合物类改性剂，具体的改性剂分类如表 1-1 所示。

表 1-1　沥青改性剂分类

改性剂类型		具体种类
聚合物类改性剂	橡胶类	丁苯橡胶(SBR)、聚丁二烯(BR)、天然橡胶(NR)
	树脂类	苯乙烯-丁二烯-苯乙烯嵌段共聚物(SBS)
	热塑性弹性体	聚乙烯(PE)、乙烯醋酸乙烯共聚物(EVA)
非聚合物类改性剂	填料	火山灰、硫黄、蒙脱土、硅藻土
	纤维	玻璃纤维、聚酯纤维、聚乙烯纤维
	天然沥青	岩沥青、湖沥青
	黏附性改性剂	水泥、石灰、金属皂类(皂角铁)、合成化学抗剥落剂
	酸改性剂	无机酸类：如多聚磷酸(PPA)

纵观国内外道路工程常用的改性沥青使用状况,聚合物改性剂仍占主要地位,聚合物改性沥青的制备过程是先将沥青与改性剂溶胀,然后在高速剪切机的作用下将改性剂剪切成一定细度,并均匀分散于沥青中,其整个过程为物理共混,改性剂与沥青之间并未发生化学反应。目前常用的聚合物改性剂有树脂类聚合物(如苯乙烯-丁二烯-苯乙烯嵌段共聚物,简称SBS)、橡胶类聚合物(如丁苯橡胶,简称SBR)。SBS因其良好的高低温性能和抗疲劳性能等,且在裂缝自愈合和自恢复等方面也具有优势,故使用广泛,其生产量占我国改性沥青的六成以上;SBR是橡胶类改性剂的典型代表,它可以使沥青具备高弹性和黏附性,提高混合料的高温稳定性和低温抗裂性能。

聚合物改性剂的广泛使用有效优化了沥青混合料的使用性能,但在实际应用中尚存在以下问题:①聚合物改性沥青的制备工艺方面。改性沥青的改性效果与聚合物改性剂的分散度和细度有关,且改性沥青制备均是用高速剪切的方法将改性剂和沥青均匀搅拌,故制备工艺参数、制备设备等因素对改性沥青的性能影响较大。②聚合物改性沥青相容性方面。由于聚合物改性剂和沥青在理论上是物理意义上的共混,改性过程中并未发生明显的化学反应,因此沥青与聚合物之间的界面作用微弱,存储稳定性差,容易发生离析现象。③聚合物改性剂价格方面。聚合物改性剂在价格方面较为昂贵,以SBS改性剂为例,国内1 t SBS的价格为18 000元,且SBS掺量大于2%时才能取得良好的路用性能,这无疑增加了道路的铺筑成本。

分析上述聚合物改性沥青存在的问题,为了改善聚合物改性沥青相容性及改性效果,研究人员尝试对沥青进行化学改性,选择能与沥青发生化学反应的改性剂,使其形成稳定的化学键,以期改善聚合物改性沥青的存储稳定性和相容性等问题。国内外学者就沥青化学改性方面做了大量研究,此间发现一种酸性改性剂——多聚磷酸(polyphosphoric acid,简称PPA),因其价格低廉、改性效果良好而受到青睐和广泛关注。PPA是一种无色透明液体,将PPA加入沥青中同样可提高沥青的高温稳定性与抗老化性能,其与沥青之间是化学改性,能形成更加稳固的基团,使改性沥青的存储稳定性得以提高。与聚合物改性剂相比,PPA与沥青有更好的相容性,在制备过程中通过人工搅拌的方式即可将PPA均匀分散至沥青中,简单的制备工艺降低了工程造价。就材料成本而言,国内1 t PPA的价格为9 000元,为SBS改性剂价格的一半,若使用PPA完全或部分替代聚合物改性剂制备改性沥青,则能大幅降低道路铺筑成本。

鉴于PPA改性沥青具有性价比高、制备工艺简单、存储稳定性好等优点,其应用前景广阔,在国外使用PPA改性沥青铺筑路面的比例呈逐年上升趋势。相关数据显示,美国2002~2009年间所使用的道路沥青中,PPA改性沥青使用量从3.5%增加到14%,并且获得良好的经济效益。随着PPA改性沥青在道路中使用比例的增加,国外学者对PPA改性沥青进行了更加深入的研究,并对PPA能提高沥青的高温稳定性和抗老化性能达成共识,但是对PPA改性沥青的低温性能仍存在较大争议。此外,对于PPA改性沥青混合料的水稳定性方面的研究也不全面。为了优化PPA单一改性沥青的低温性能和水稳定性能,研究人员又将某些聚合物类改性剂如SBS、SBR加入PPA改性沥青中,对复合改性沥青的性能进行系统研究。PPA/SBS、PPA/SBR复合改性沥青既弥补了聚合物改性沥青存储稳定性差的不足,又能改善PPA改性沥青低温性能不好的问题,且使用成本低的PPA

替代部分昂贵的聚合物改性剂,降低了改性沥青制备成本。

目前国内外在 PPA 改性沥青及其沥青混合料方面具有一定的研究基础,且在 PPA 改性沥青及沥青混合料表现出的优良高温性能和储存性能方面基本达成共识,但在改性机制、低温稳定性及水稳定性能方面评价不一。本书研究了 PPA 改性沥青微观机制及其宏观表现,采用定量和定性相结合的方式,分析 PPA 掺量、种类对改性沥青性能的影响,探究 PPA 单一/复合改性沥青混合料路用性能。通过统计学方法分析改性沥青常规性能与影响因素的关联度;运用系列微观试验探究微观形貌结构和改性机制;采用 Burgers 模型对改性沥青低温性能进行多指标评价,并结合沥青混合料小梁弯曲试验进行验证,为 PPA 改性沥青及其沥青混合料在工程实际应用和推广提供理论依据。

1.2　国内外应用情况

PPA 首次被报道用于沥青改性是在 1973 年,从 20 世纪 90 年代开始,研究人员使用 PPA 复合聚合物去改善沥青性能,以此提高道路质量。据统计,2005 年美国 PPA 改性沥青的使用量仅占道路沥青总用量的 3.5%,而到 2010 年即上升至 14%。2009 年,美国召开了 PPA 改性沥青研讨会,会议对 PPA 改性沥青的高低温性能、水稳定性能及抗疲劳性能等进行了研讨,指出 PPA 能单独或以复配聚合物的方式用于沥青改性。

至此,美国多地对 PPA 改性沥青路面进行了长期观测,证明 PPA 改性沥青路面无质量问题。阿肯色州交通部于 1999 年对州际公路系统出台了一项重大重建计划,旨在 5 年内使用 740 万 t 改性沥青混合料修复 90%的公路路面,其中大多数沥青使用 PPA 改性。1999 年,37%公路的 IRI(International Roughness Index,国际路面不平整指数值)>170 m/km,33%公路 IRI 值为 120~170 m/km。截至 2006 年,在完成修复计划后,阿肯色州 73%的州际公路系统处于良好状态,IRI 值小于 95 m/km。

2000 年,美国国家沥青技术中心在阿拉巴马州奥本铺设了 9 个试验路段,采用 SBS 改性沥青复配 0.25%的 PPA 和石灰或液体抗剥落剂。这些路段在受到 1 000 万 ESALs (equivalent single-axle loads, 等效单轴荷载)后,路面状况良好,截面的所有车辙均小于 6 mm。2003 年,旧有路面在 1 000 万 ESALs 和 2 000 万 ESALs 之后,所有路面上的车辙都小于 9 mm,且没有出现疲劳开裂。

2007 年,在明尼苏达州交通部运营的试验路面,研究人员用 PPA 改性剂复配聚合物生产改性沥青铺设了 5 个试验段,同时在沥青混合料中加入熟石灰和磷酸酯防滑剂。18 个月后,所有路段的车辙均小于 3 mm,且无水损坏现象。

Gennis 介绍了 PPA 改性沥青在亚利桑那州的应用情况,指出通过 8 年的使用,PPA 改性沥青混凝土路面没有发生明显的病害,且 PPA 改性沥青易于拌和,有利于施工作业。

我国虽然对 PPA 改性沥青技术的研究起步较晚,但目前取得了一定的研究成果,也有实际工程的路面铺筑。在内蒙古阿拉善京新高速公路临河—白疙瘩段,王永宁铺筑了 600 m 的 PPA+SBS 改性沥青试验路面,发现 PPA/SBS 改性沥青在满足改性沥青结合料性能的基础上,使得 SBS 改性剂掺量明显减少,产生了可观的经济效益,制备 1 t PPA/SBS 改性沥青的成本为 5 771.5 元,制备 1 t SBS 改性沥青的成本为 5 901 元,每吨可节约经济成本 119.5 元。李德高等在新疆阿勒泰地区，从配合比设计、混合料生产、施工工艺等方面对 PPA 复合橡塑材料改性沥青混合料的施工应用进行了研究，结果表明，PPA 复合橡塑材料改性沥青混合料在高温性能方面具有优势，同时兼顾了低温性能和水稳定性能，适用于重载交通路段。长临高速公路在施工过程中铺设了 1.2 km 的 PPA 改性沥青路面，路面性能得到提升的同时，2019~2021 年累计节约养护费用达 238.2 万元。

长临高速 PPA 改性沥青试验路段（K143+340~K144+540）铺设见图 1-1。

图 1-1 长临高速 PPA 改性沥青试验路段（K143+340~K144+540）铺设

综合来看，PPA 改性沥青技术受到各国交通部门的认可，具有广袤的应用空间。

1.3 国内外研究现状

1.3.1 基于计量学的多聚磷酸相关文献分析

本书采用 Citespace 软件进行相关文献计量学分析。基于 WOS（Web of Science）核心数据库中的科学引文索引扩展（SCIE）和社会科学引文索引（SSCI），选取“polyphosphoric acid”或“PPA”+“asphalt”，或“mixture”作为检索主题词，文档类型为“期刊”，语种为英文进行筛选，对 2012~2022 年近十年多聚磷酸相关文献进行收集，共检索 703 篇。基于 CNKI 数据库，选取“多聚磷酸改性沥青”或“多聚磷酸改性沥青混合料”作为检索主题词，文档类型为“期刊”，对 2012~2022 年近十年多聚磷酸相关文献进行收集，共检索 124 篇。随后就 PPA 改性沥青及混合料相关领域论文随时间发表量、发表国家、关键词爆发及关键词聚类四个方面生成可视化图形并分析，以深入了解多聚磷酸相关领域的最新研究进展。

图 1-2 显示了 2012~2022 年间，WOS 和 CNKI 数据库多聚磷酸相关文献的年发表量。可以看出 2012~2015 年，CNKI 数据库只出现了少量多聚磷酸相关文献，可以认为该领域仍处于前期发展阶段，2016~2021 年平均发文量明显高于之前年份，于 2017 年达到峰值

24 篇,随后略有下降。WOS 数据结果表明,2012~2021 年多聚磷酸相关研究呈现积极的发展趋势,为国内外学者所关注,而 2022 年发文量减少至 13 篇,相较于 2021 年下降 83.95%。产生上述趋势的原因主要是这一研究方向有着巨大的探究发展空间,吸引了更多研究人员致力于这一课题的研究,而 2022 年的发文统计数据仅为一季度发文量。总体而言,多聚磷酸相关研究至今仍受到国内外学者的关注,具有较大的探究发展空间。

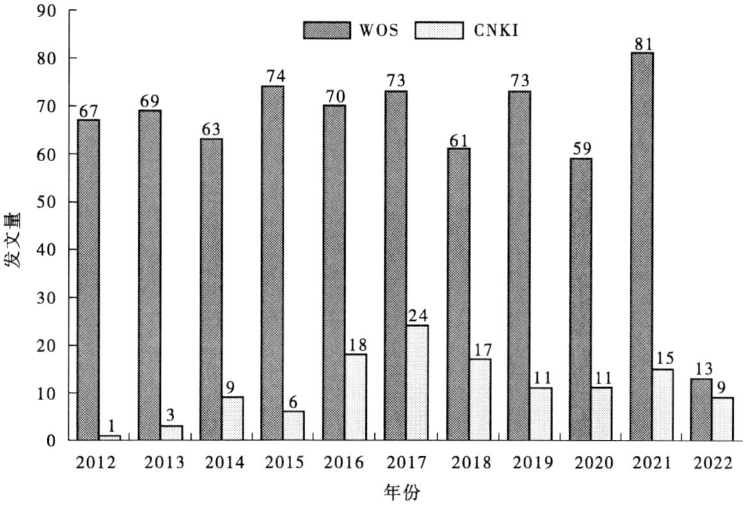

图 1-2　WOS 和 CNKI 数据库随时间相关论文发表量(2012~2022 年)

国家发文贡献率在一定程度上表明了该国在相关领域的研究深度,表 1-2 和图 1-3 列举并展示了 WOS 数据库多聚磷酸相关文献不同国家的贡献率,每一个原点为一个节点,节点的大小代表了发文数量,颜色越浅则表明发文时间越接近 2022 年,节点间的连线反映了各节点间的合作关系,连接线的粗细则表明了合作的紧密程度。可视化结果显示约 66 个国家参与了多聚磷酸的研究,非洲和南美洲国家的发文量较少,发文量较多的国家集中在亚洲、欧洲和美洲。统计显示前 10 的国家发文贡献率达到总发文量的 85.8%,其中中国、美国和伊朗以 201 篇、100 篇和 70 篇位于前 3,贡献率分别为 28.6%、14.2%、10.0%;中国和美国与各国的合作紧密性较强,而俄罗斯和伊朗则与外国合作不多,与其他国家节点连接线较少。

表 1-2　WOS 数据库多聚磷酸相关文献国家贡献率前 10

排名	国家	数量	比例/%
1	PEOPLES R CHINA(中国)	201	28.6
2	USA(美国)	100	14.2
3	IRAN(伊朗)	70	10.0
4	INDIA(印度)	68	9.7
5	RUSSIA(俄罗斯)	57	8.1

续表 1-2

排名	国家	数量	比例/%
6	SOUTH KOREA(韩国)	28	4.0
7	BRAZIL(巴西)	26	3.7
8	ITALY(意大利)	21	3.0
9	TURKEY(土耳其)	17	2.4
10	GERMANY(德国)	15	2.1

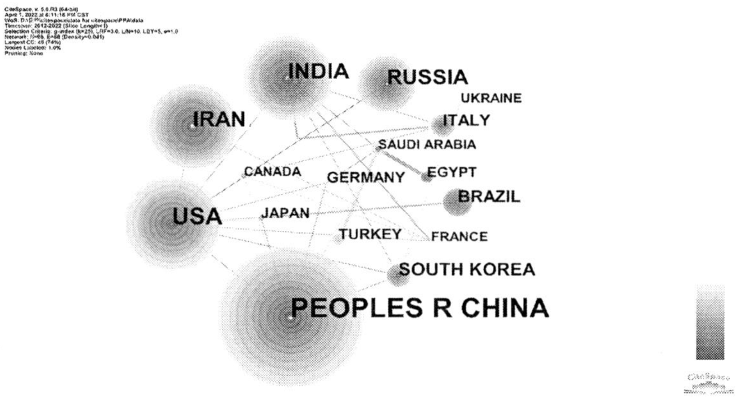

图 1-3 WOS 数据库 PPA 相关文献国家贡献率分析图

各国家研究机构及大学的科研能力直接关系到国家发文量,也在一定程度上代表了每个国家的科研水平。表 1-3 中前 3 的发文机构分别为伊朗的伊斯兰阿扎德大学、俄罗斯的北高加索联邦大学及中国的长安大学,发文量分别为 34 篇、22 篇和 19 篇。图 1-4 展示各研究机构及大学间的合作关系,每一个原点为一个节点,节点的大小代表了发文数量,颜色越浅则表明发文时间越接近 2022 年,节点间的连线反映了各节点间的合作关系,连接线的粗细则表明了合作的紧密程度。其中前三的发文机构中,中国的长安大学与同济大学、长沙理工大学存在紧密的联系,北高加索联邦大学和美国堪萨斯大学存在密切的合作联系。中国作为多聚磷酸相关领域在 2012~2022 年发文量最多的国家,主要是因为具有较多的研究机构和大学,如长安大学、同济大学、长沙理工大学、湖南大学、西南大学、四川大学及中国石油大学,带动了我国多聚磷酸相关领域的理论研究。

表 1-3 WOS 数据库 PPA 相关文献机构贡献率前 10

排名	机构	数量
1	Islamic Azad Univ(伊斯兰阿扎德大学)	34
2	North Caucasus Fed Univ(北高加索联邦大学)	22

续表 1-3

排名	机构	数量
3	Changan Univ(长安大学)	19
4	Univ Kansas(堪萨斯大学)	17
5	Chinese Acad Sci(中国科学院)	13
6	Arizona State Univ(亚利桑那州立大学)	12
7	Tongji Univ(同济大学)	12
8	Amirkabir Univ Technol(阿米尔卡比尔理工大学)	11
9	Univ Calabria(卡拉布里亚大学)	11
10	Russian Acad Sci(俄罗斯科学院)	10

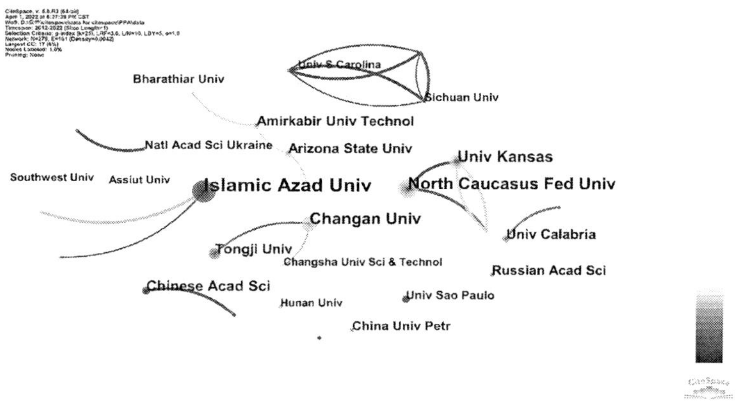

图 1-4 WOS 数据库 PPA 相关文献机构贡献率分析图

图 1-5 基于 CiteSpace 展示了过去近十年多聚磷酸相关文献研究中的关键词,图 1-5 中每一个原点为一个节点,节点的大小代表了该关键词的引用量,颜色越浅则表明发文时间越接近 2022 年,节点间的连线反映了各节点间的合作关系,连接线的粗细则表明了合作的紧密程度。其中,“多聚磷酸”“性能”“衍生物”三个关键词出现频率最大,“行为研究”“力学性质”“沥青”等关键词也以较大频次出现,表明在过去近十年的研究中各国学者致力于多聚磷酸及其衍生物性能研究。而从图 1-6 可以看出 2012~2016 年间,更多集中在多聚磷酸的化学合成工艺等方面的研究,2018~2022 年对其在黏结剂中的流变性能研究逐渐成为热点。对多聚磷酸相关文献关键词进行聚类分析,如图 1-7 所示,主要可分为 5 个主要研究方向,包括沥青黏结剂、改性机制、固化行为、阻燃应用及电子特性,目前研究人员更多关注其中沥青黏结剂中的应用。

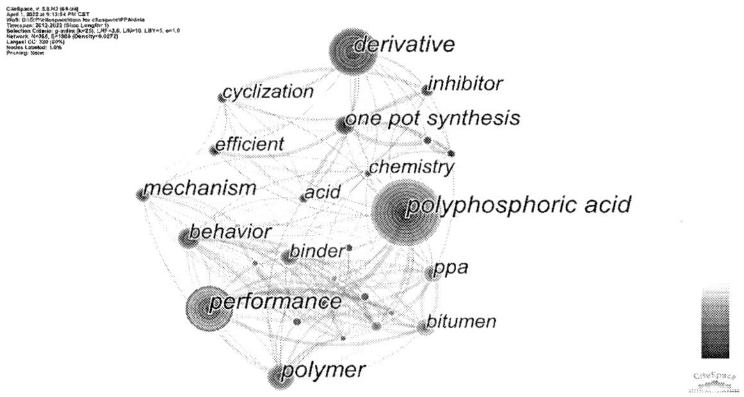

图 1-5　WOS 数据库 PPA 相关文献关键词分析图

Top 10 Keywords with the Strongest Citation Bursts

Keywords	Year	Strength	Begin	End	2012~2022
facile synthesis	2012	3.99	2012	2013	
catalyst	2012	3.58	2012	2013	
cyclization	2012	3.5	2013	2014	
copolymer	2012	5.21	2014	2016	
crumb rubber	2012	3.68	2017	2018	
performance	2012	7.33	2018	2022	
binder	2012	5.38	2018	2022	
rheology	2012	5.14	2018	2020	
rheological property	2012	3.94	2018	2019	
ppa	2012	4.91	2020	2022	

图 1-6　WOS 数据库 PPA 相关文献关键词爆发分析图

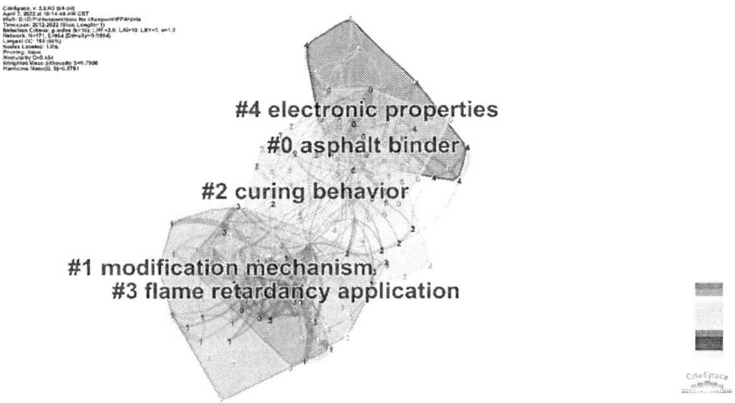

图 1-7　WOS 数据库 PPA 相关文献关键词聚类分析图

基于 Citespace 文献软件分析,国内外各科研机构及大学在多聚磷酸领域做了大量研究,且中国的研究深度位列世界前列;多聚磷酸作为改性剂应用于道路工程也逐年成为热点,研究主要集中在改性机制、流变性能、改性沥青及沥青混合料技术性能等方面。

1.3.2 PPA 改性沥青微观结构和改性机制

各种类型的改性沥青在道路工程中大规模应用,许多研究学者和沥青生产厂家开始通过多种途径探究改性沥青的作用机制,以便指导沥青的改性。随着现代微观试验手段的逐渐增多,PPA 改性沥青的改性机制也得到了进一步研究,但因沥青本身的成分和组成的复杂性,目前对 PPA 改性沥青改性机制的解释尚无定论。尽管如此,仍有许多的研究人员从不同的角度分析和探究其改性机制,并结合 PPA 和沥青组分的作用特点构建 PPA 改性沥青的形成过程模型,如图 1-8 所示,为后续 PPA 改性沥青机制研究提供了思路。美国在 2004 年提出沥青中的部分活性基团(如羟基、亚胺基等)与 PPA 发生了系列反应(如中和反应、酯化反应等),使沥青质的胶团结构受到破坏,其存在尺度减小,有利于其在轻质组分的均匀性,改善空间网络结构,优化其弹性行为。目前国内外研究人员主要通过沥青组分、红外光谱分析、微观形貌变化等角度探究 PPA 改性沥青的作用机制。

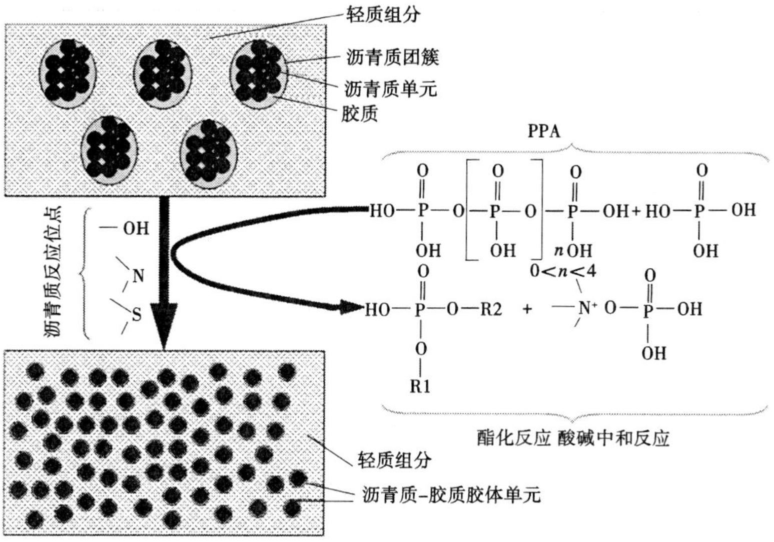

图 1-8 PPA 与基质沥青的化学反应示意图

1.3.2.1 沥青组分分析

沥青是一种复杂的有机混合物,其组成成分极为复杂,且不同种类沥青各组分的含量也不尽相同,且各组分含量难以全部确定。在沥青研究工作早期,国际上采用不同的方法对沥青组分进行划分,如表 1-4 所示。其中,我国主要采用壳牌石油公司推出的四组分法,也称 SARA 四组分法,将沥青划分为饱和分(S)、芳香分(Ar)、胶质(R)、沥青质(A)。

表 1-4 沥青组分分析方法

分析方法	组分
二组分法	软沥青质、沥青质
三组分法	沥青质、树脂、油分
壳牌四组分法	沥青质、胶质、饱和分、芳香分
科尔贝特四组分法	沥青质、饱和分、极性芳香分、环烷芳香分
五组分法	沥青质、第一酸性分、第二酸性分、氮基、链烷分

PPA 加入基质沥青或聚合物改性沥青改性后，相应改性沥青的沥青组分会发生显著变化。结合四组分(SARA)试验，科研人员从不同的分析角度对 PPA 改性沥青进行了大量的研究，Alam et al. 发现沥青各组分含量与 PPA、SBS 的含量存在线性关系，其中沥青质含量与 PPA、SBS 掺量呈正相关关系，芳香分和饱和分含量与 PPA 掺量的关系是先正相关后负相关；Liu et al. 研究了 PPA/SBS、PPA/SBR 复合改性沥青的四组分含量变化，PPA 复合改性沥青的四组分呈现沥青质含量增多、胶质含量减小的现象，且两者变化量相近，表明 PPA 的加入促使胶质转化为沥青质，也验证了沥青中胶质持续转化为沥青质的这一说法；王岚等、付国志等研究了不同掺量 PPA 改性沥青的四组分分析试验，发现四组分的变化规律不一，轻质组分含量基本不变，沥青质随着 PPA 掺量的增加而增大，胶质反之。关于沥青四组分含量变化机制方面，付国志等认为 PPA 的加入，使胶质中的烷基芳香烃发生断裂分解形成芳香族化合物，在此过程中沥青质含量变大；张恒龙等通过研究发现，PPA 的加入对沥青四组分有明显影响，促使沥青胶质转化为沥青质，各分散相呈现缔合的现象，且对饱和分转化为胶质，胶质转变为沥青质的过程有促进作用。马庆丰等认为沥青质是沥青的核心物质，胶质环绕在沥青质周围，研究表明 PPA 加入沥青中，提高了沥青质含量，而饱和分和胶质含量有所下降，该结果同样证明饱和分和胶质转变为沥青质。赵可等、常晓绒等发现 PPA 改性沥青的沥青质和胶团数量明显增多，从而吸附了更多的胶质，增强了胶团间作用力，促使沥青胶体结构由溶胶结构向溶凝胶结构转换。

1.3.2.2 **微观形貌分析**

目前，对 PPA 改性沥青表面微观结构的研究主要采用核磁共振(NMR)、凝胶色谱(GPC)、原子力显微镜(AFM)和扫描电子显微镜(SEM)等试验仪器，研究人员从沥青材料的宏观性能到沥青改性前后的微观结构，系统分析了沥青改性机制。

Masson et al. 基于核磁共振(NMR)、凝胶色谱(GPC)等微观试验方法分析 PPA 与沥青的化学反应过程，结果表明：PPA 与沥青发生了系列反应，各组分都发生了变化，影响了新沥青质胶束产生。此外，原有沥青分子中部分双键、N—H 键会在 PPA 催化作用下相互交联、转化，氢键遭受破坏，沥青质在沥青中均匀性增强，改善沥青各组分形态分布。刘红瑛等利用核磁共振(NMR)试验发现 PPA 与沥青产生了接枝、磷酸酯化和环化反应，进而改变沥青的碳链结构，宏观上沥青表现为更加黏稠。张铭铭通过凝胶色谱发现 PPA 的加入增加了较大分子量的组分含量，沥青分子量越大，则说明其分子间作用力也就越大，高温抗剪切能力也越强。

Dourado et al. 基于原子力显微镜研究 PPA 改性沥青的微观结构,结果表明基质沥青加入 PPA 后,弹性模量增大。张铭铭基于 AFM 发现 PPA 改性前后沥青分子结构发生了变化,其中沥青质、胶质、分散介质面积,沥青质长度、数量等参数与 PPA 掺量及技术性能之间存在良好的相关性。尉燕斌、王子豪等进一步对其相关性进行分析,结果发现,PPA 的加入使得沥青中蜂状结构增多,白色区域的弹性模量和黏附力也随之增大,同时随着 PPA 掺量逐渐增大,沥青中分散相和连续相比例发生变化,因而沥青的流动性和稳定性增强。王岚等发现 SBS/PPA 复合改性沥青表面最粗糙,且粗糙度和蜂区数量大于基质沥青。此外,通过均方根粗糙度 Rq、蜂密度指数 Sds 和表面承载系数 Sbi 对三维形貌图进行验证,结果证明,SBS/PPA 复合改性沥青具有最大硬度,且采用 Sbi 指标表征沥青粗糙度更加真实准确。余文科用荧光显微镜(FM)研究了 PPA 改性沥青的微观结构,从图像中几乎不能辨别 PPA 的存在,表明 PPA 改性剂在沥青中可以均匀分散,与基质沥青有良好的相容性。董刚结合 FM 和 AFM 对不同掺量的 PPA 改性沥青、SBS 改性沥青和 SBR 改性沥青微观形貌进行研究。荧光显微结果显示,PPA 对聚合物改性沥青的高温稳定性和存储稳定性具有改善作用;原子力显微结果显示随着 PPA 掺量增加,沥青表面的蜂状结构和分布均匀性出现复杂变化。Huang et al. 又引入了扫描电子显微镜,分析 PPA 与生物油改性沥青(PPAMB)的微观结构,结果发现,PPAMB 表面光滑,且 PPAMB 蜂状结构较生物沥青数量减少,较 PPA 改性沥青数量增加。Yadollahi et al. 认为 PPA 与沥青发生反应,隔断沥青质的聚合,大尺度的沥青质被分散成较小的沥青质单元,从而优化沥青网络结构,促使更多的胶质黏附,改善沥青弹性。Zhang et al. 基于光学显微镜(OM)研究了 PPA 对高黏改性沥青(HVM)的影响,结果表明,硫化和老化作用对 HVM 中 SBS 的轮廓和分布有影响。

1.3.2.3 红外光谱分析

红外光谱法是通过一定频率(能量)的红外光照射分子,分子中基团吸收一定频率的红外光谱产生振动跃迁,对分子进行结构分析。一些学者基于红外光谱试验,研究沥青改性前后特征峰强度的变化,进而分析沥青的改性机制。张铭铭采用红外光扫描 PPA 改性沥青,结果表明,PPA 掺量越大,红外光谱图中波数在 800~1 300 cm^{-1} 处出现了新的特征峰,同样王岚等在 800~1 000 cm^{-1} 波段也发现了新的混合吸收峰,说明 PPA 与基质沥青产生了新的化学反应。董刚基于红外光谱试验,结合定量和定性分析了 PPA 改性沥青红外光谱图,结果表明,PPA 对基质沥青和 SBR、SBS 改性沥青均产生不同程度的物理和化学改性。而余文科、唐宏宇通过红外光谱分析研究了 PPA 对沥青的改性机制,没有发现新的吸收峰,且特征吸收峰的位置没有出现明显的位移,认为 PPA 对沥青的改性是一个物理共混过程,并没有产生新的物质。刘斌清等通过对比 SK-90# 基质沥青 PPA 改性前后吸收峰变化,也证明了这属于一种物理共混过程,未发生化学反应。李丽平等进一步阐释了 PPA/SBS 复合改性沥青性能提升的主要原因:PPA 的加入,与 SBS 会形成稳定的空间结构,同时会发生酯化反应,提高 SBS 的分散性得到较好的交互作用。张涛等通过对 PPA/SBR 复合改性沥青混合料性能的系统研究,揭示了 PPA 与 SBR 复合改性沥青的机制,认为 PPA 与 SBR 复合改性沥青体系生成了新的官能团,PPA 和沥青中的亚砜基发生化学反应,SBR 自身的交联反应也增强了改性沥青的耐久性。

热分析是反映物质物理特性与温度之间的变化规律，分析物质的热稳定性。目前常用的热分析方法有热重分析（TG）和差示扫描量热法（DSC）两种。其中TG试验是在一定气氛条件下，表征物质质量随着温度升高而减小的变化规律，通常用热重曲线或者微分热重曲线表示；DSC试验是获得试样与参照物间的功率差和温度之间的关系，表征微观组分变化所表现出的宏观沥青性能变化。Shi et al. 采用TG和DSC试验研究了从沥青结合料中分离4种组分的燃烧机制，结果表明，饱和物、芳烃和树脂的燃烧反应包括各组分的热分解和炭化层的氧化燃烧，而沥青质仅包括炭化层的氧化燃烧。Zhang et al. 通过TG和DSC分析阻燃剂改性沥青的热稳定性，评价其燃烧等级；付国志利用DSC试验确定PPA对沥青玻璃化温度的影响。Liu et al. 通过DSC测试确定与温度相关的沥青结合料的相态转变。

1.3.3 多聚磷酸改性沥青性能

国外改性沥青的研究追溯到20世纪70年代，众多学者在PPA改性沥青微观结构和性能方面做了大量研究，特别是高低温稳定性、老化性能、感温性能等方面，但存在研究深度不够、研究体系不全等问题。

1.3.3.1 高温性能

在美国公路战略研究计划（Strategic Highway Research Program，SHRP）提出以前，研究人员多采用黏度和软化点等指标来评价改性沥青的高温性能。如Filippis et al、Giavarini et al. 在直馏沥青中加入PPA改性剂对沥青进行改性，结果表明加入PPA后，沥青的针入度、软化点和抗老化性能有了明显提高，而脆点未产生明显变化，这说明PPA在提高沥青高温性能的同时并没有对低温性能产生不利影响，Dongdong也得出相似结论。毛三鹏等通过对PPA/SBS复合改性沥青研究发现，SBS在小掺量情况下掺入PPA，可使沥青软化点显著提高，高温性能得到保证。Xiao et al. 发现在同一沥青掺量，PPA的加入能减少聚合物改性剂的掺量，且当PPA掺量为0.5%时，可减少聚合物改性剂掺量达1%。Jiang et al. 研究了不同温度和剪切速率下的黏性特性和流动特性，得出的主要结论是：PPA用量、温度和剪切速率会影响沥青的黏度，但影响程度不同。黏度与PPA掺量呈正相关，近似符合指数增长模型，黏度与试验温度和剪切速率分别呈负相关关系，符合Arrhenius方程和幂律方程。

在20世纪90年代后，随着改性沥青广泛应用，研究人员发现传统的试验手段在改性沥青的研究上并不适用。SHRP计划首次引入流变学试验，以此确定沥青性能分级体系，主要的试验方法是动态剪切流变仪（DSR）试验，得到车辙因子（$G^*/\sin\delta$，其中：G^*为复数剪切模量，是材料的最大剪切应力与最大剪切应变之比；δ为相应角，δ越小表征材料弹性越强，反之黏性越强），以此评价沥青结合料的高温特性，最终建立了Superpave沥青胶结料试验规范，提出了新的沥青分级体系：PG分级，这些参数可以较准确地反映沥青高温流变特性，完善了常规评价方法的不足。

研究人员利用DSR试验研究沥青高温性能，不同的评价指标对应于DSR控制参数（如温度、频率）。Baldino、张恒龙等通过相同频率下的温度扫描，分析不同掺量PPA改性沥青的黏弹性向黏流态转变温度，以此验证PPA的加入可以改善沥青的高温性能。

Feng et al. 利用 DSR 对 PPA 复合改性沥青进行固定温度的频率扫描，并以车辙因子为评价指标，结果显示 PPA 产生的凝胶化，显著增加沥青组分间的作用，有效改善老化前后的 SBS 改性沥青高温性能。马庆丰等利用储存模量 G' 和损失模量 G'' 两个指标评价 PPA 改性沥青的高温性能，表明 PPA 的加入明显提升沥青的抗高温能力。Liu et al.、周育名等对 PPA 改性沥青进行 DSR 试验，结果显示不同 PPA 掺量对流变性能产生明显影响，加入 PPA 后沥青的高温性能有了明显提升。付力强等则在同一频率和温度的条件下，利用车辙因子（$G^*/\sin\delta$）指标表征不同 PPA 掺量对沥青高温稳定性的影响，结果表明不同掺量 PPA 均在不同程度下影响沥青的高低温性能。朱圻、Reinke et al.、李超等基于 DSR 试验对 PPA 改性沥青做 PG 等级测试，得出 PPA 可以提高原样沥青的高温 PG 等级，改善其高温稳定性。Edwards et al. 通过 DSR、差示扫描热量仪（DSC）等试验方法研究了 PPA 改性沥青的流变性能及其路用性能，结果显示不同 PPA 掺量和沥青种类对流变性能产生明显影响，沥青在高温及中温状态下的流变性能受 PPA 掺量影响较大，同时发现加入 PPA 后沥青的高温抗车辙性能有了明显提升。王利强等基于 DSR 试验及常规试验，对比分析 PPA/SBS 复合改性沥青与 SBS 单一改性沥青的性能，同时结合性价比得出：2%SBS+0.5%PPA 复合改性沥青的高温性能接近 4%SBS 单一改性沥青。

在 SHRP 计划的研究之后，一些学者发现沥青的评价指标车辙因子（$G^*/\sin\delta$）与实际混合料的抗车辙性能关联度不大，原因是 $G^*/\sin\delta$ 表征的是线黏弹性范围内的参数，反映了沥青在无损条件下的力学特性，然而实际沥青在高温条件下产生了不可恢复的永久变形，沥青材料必然产生了损伤。因此，需要寻找一种能表征沥青高温损伤特性的指标来评价其抗车辙性能，于是美国 NCHRP9-10 课题采用重复蠕变试验（repeated creep recovery, RCR），并以黏性蠕变劲度 G_v 和黏性蠕变柔量 J_v 评价沥青胶结料的高温抗车辙能力。RCR 试验也是基于 DSR 设备完成的，只是采用控制应力的蠕变加载形式，与 DSR 试验的小应变水平的振荡加载模式相比，RCR 试验积累了不可恢复的蠕变变形，更能体现沥青胶结料的损伤效应。陈治君等基于 RCR 试验深入探究 PPA 改性沥青的高温流变特性，在不同温度与加载应力下分析黏弹性响应的变化规律，同时使用 Burgers 模型对试验数据进行拟合，结果表明 PPA 可以改善沥青的高温性能，增强沥青路面的抗车辙能力。岳云也通过 RCR 试验研究了 PPA、SBS 掺量及基质沥青类型对复合改性沥青的影响。结果表明：PPA 的掺入使得改性沥青温度敏感性降低，高温性能显著提高。

RCR 试验试验过程较为烦琐，重复加载 100 个循环，且每个循环都要先加载 1 s，再卸载恢复 9 s，RCR 试验的指标计算也比较复杂，且需要多次地重复加载，试验操作不易上手。美国联邦公路局进一步改进了 RCR 试验，提出多重应力蠕变恢复试验（multiple stress creep recovery, MSCR）。该试验以 0.1 kPa 和 3.2 kPa 两个不同的应力水平对沥青试样先加载再卸载，循环反复，每个应力水平循环 10 次，每次加载时间为 1 s，卸载时间为 9 s，最终以恢复率 R 和不可恢复蠕变柔量 J_{nr} 作为沥青高温性能的评价指标。Behnood et al. 基于废旧轮胎胶粉/SBS 改性沥青和 PPA/SBS 改性沥青，通过 DSR、MSCR 和 BBR 等试验对比研究了两种复合改性沥青的流变特性，结果显示，废旧轮胎胶粉和 PPA 对沥青高温性能均有改善效果，但 PPA 在中低温区域的性能改性效果不明显。Li et al. 详细综述了多种改性沥青高温性能的评价测试，并指出 MSCR 测试指标能较清晰地反映沥青改性剂对沥青高温性能的影响,但在蠕变—恢复循环次数、应力水平和恢复时间等方面仍存在一定的局限性,影响评价结果的准确性。此外,从抗车辙改善率(rutting rasistance improvement ratio,RRIR)来看,在常规掺量范围内,SBS 改性剂对基质沥青的抗车辙改善效果优于其他改性剂。

另外,一些学者还从微观角度研究 PPA 改性沥青的高温性能,如 Ramasamy 通过 DSR、FTIR 等试验分析探究了基质沥青及改性沥青的流变和老化特性,结果显示,PPA 的加入使沥青的劲度模量有所提高,而相位角有所降低,沥青的力学性能得以增强;虽然 PPA 促进了基质沥青的热氧老化,但是却使改性沥青的抗老化性能有所提升。Liang et al. 对 PPA/SBR 复合改性沥青的高低温流变性能进行研究,SBR 与沥青的相容性得到提高。张恒龙等基于组分分析和 AFM 法探究 PPA 加入后,沥青各组分和胶体结构的变化,结果表明 PPA 使沥青质含量增加,高温稳定性有所提高。王岚等利用 AFM 从微观角度对 PPA 改性沥青进行表征测试,从三维形貌图中可以发现,PPA/SBS 改性沥青的表面比 PPA 和 SBS 单一改性沥青的表面更粗糙、崎岖,另外通过 DSR 试验也证明 PPA/SBS 复合改性沥青具有更好的抵抗高温变形能力。

1.3.3.2　低温性能

研究人员通常采用低温延度试验评价沥青的低温性能,但该试验对改性沥青低温延展性评价的适用性有待考证。1987 年美国提出 SHRP 计划,并以低温条件下沥青小梁试件的劲度模量和蠕变速率作为其低温评价指标,即弯曲流变试验(beam bending rheometer test,BBR)。该方法对基质沥青和改性沥青的低温性能评价均具有良好的实用性,是目前常用沥青低温评价手段。此外,直接拉伸试验(direct tension,DT)也可作为补充试验测试沥青的失效应变,并计算临界开裂温度以表征沥青的低温性能。

关于 PPA 对基质沥青低温性能的影响,目前国内外学者并没有统一结论,一些研究人员认为 PPA 的加入对基质沥青的低温性能有负面影响。例如,魏建国等发现 PPA 不仅对基质沥青延展性不利,甚至会使 PPA 与 SBS/SBR 复合改性沥青的延度下降,低温性能变差并逐渐硬化,张丽佳等也得出相同结论,且随着 PPA 掺量的增加,沥青低温性能逐渐变差。Aflaki et al. 基于试验结论指出相较于 SBS 和橡胶粉外掺剂,添加 PPA 后对其改性沥青混合料的低温抗裂性无显著影响,王云普等基于 90# 基质沥青制备 PPA/SBR 复合改性沥青进行三大指标试验,5 ℃延度试验结果表明当 PPA 掺量过大时,低温延度性能降低,但增加 SBR 掺量的同时选择最佳硫黄掺配可提升其低温韧性,从而改善沥青低温性能。

部分研究人员则认为 PPA 改善了基质沥青的低温性能,如 Baldino et al. 、Kenneth et al. 、Edwards et al. 等以玻璃态转化温度和脆点为评价指标,结果发现掺入 PPA 可有效降低沥青转向玻璃态时的温度,间接增加了沥青的弹性,从而大幅提升沥青在路面应用中抵抗低温开裂的能力。莫定成等通过 BBR 试验比较了不同掺量下基质沥青、PPA 改性沥青、PPA/TB+SBS 改性沥青的劲度模量和蠕变速率,认为掺入单一 0.8%~1.6%PPA 时可以改善基质沥青的低温性能,此外在 TB+SBS 改性沥青中掺入 0.4%PPA 时也可改善 TB/SBS 改性沥青低温性能。Jianhuan et al. 进一步地采用分数黏弹性模型描述了 BBR 结果,并计算了不同改性沥青的阻尼比 ξ 和耗散能比 ω,通过对阻尼比 ξ 的分析表明,PPA 改变了 SBS 改性沥青原有的结构,使沥青具有更好的耐低温永久变形能力,对耗散能比 ω 的分析表明,由于温度的限制,PPA 改性剂对低温蠕变性能的改善明显降低。

还有研究表明 PPA 对沥青的低温性能影响不明显,例如 Sarnowski 通过比较基质沥青和单一 PPA 改性沥青、SBS 改性沥青和 PPA/SBS 改性沥青的低温指标,发现两对比组性能变化不明显,认为 PPA 无论是对基质沥青还是 SBS 改性沥青的低温指标改善效果并不显著。Man et al. 通过 BBR 和 DT 试验对不同掺量的 PPA 改性沥青低温性能进行研究,结果表明,PPA 对沥青低温性能的影响不明显。付国志等则用荧光显微镜(FM)、差示扫描量热试验(DSC)对 SBS 改性沥青及 PPA/SBS 改性沥青进行试验,发现掺入 PPA 后沥青转向玻璃状态时的温度无明显变化,说明 PPA 的加入对 SBS 改性沥青的低温性能影响不显著。

综上所述,不同研究人员就 PPA 改性剂对沥青低温性能的影响观点不统一:有些认为可改善或降低沥青低温性能,有些认为无明显影响。这在一定程度上阻碍了 PPA 改性沥青在实际工程中的应用。现分析已有文献资料,对产生 PPA 改性沥青低温差异性的原因进行分析,主要表现在以下几方面:

(1)基质沥青的种类不同。不同研究人员选用的基质沥青标号和产地不同,会导致其组分在含量等方面存在差异,从而影响 PPA 的低温改善效果。周艳等的研究结果表明基质沥青的改性效果与其化学组分有关,同一掺量 PPA 对不同基质沥青会产生不同的改性效果;丁海波等基于动态力学分析(DMA)同样得出 PPA 对不同的基质沥青改性效果不一样,对沥青质含量较少的改性效果不明显。Baldino et al.、Zegeye et al. 也指出 PPA 改性后沥青的低温性能取决于原样沥青中沥青质含量及含蜡量。

(2)PPA 掺量的不同。PPA 掺量的大小也对沥青低温性能产生很大影响,Yan et al. 的研究表明,PPA 掺量为 0.5%时,改性沥青的延度无明显变化;当掺量增大为 10%时,延度大幅下降,低温性能不好。

(3)温度区间的影响。沥青低温指标随温度的降低或升高无明显线性关系,已有研究人员所选试验温度区间不同,PPA 对其沥青低温指标的改善效果不同,导致结果不同,从而结论存在偏差或相悖。王岚等基于 BBR 试验对不同温度下 PPA 改性沥青的低温性能进行研究,得出以下结论:当温度为-18~-12 ℃时,PPA 对沥青低温性能有良好的改善效果;而当温度降低到-30~-24 ℃时,其低温改善效果并不明显。

1.3.3.3 疲劳性能

SHRP 计划提出用疲劳因子($G^* \sin\delta$)控制指标评价沥青的抗疲劳特性,所测试的沥青试样为短期老化(RTFO)和长期老化(PAV)后的试样。$G^* \sin\delta$ 表征复数剪切模量中的黏性部分,其数值的大小与耗散能直接相关,沥青胶结料耗散的能量越多,抵抗疲劳的能力越差。

同样,疲劳因子指标是在线黏弹性范围内测得的,不能充分体现沥青在损伤条件下的抗疲劳能力。Johnson et al. 基于 DSR 试验提出了线性振幅扫描(linear amplitude sweep, LAS)试验,将黏弹连续介质损伤力学引入到试验数据的分析,进而可以预测任意荷载下沥青的疲劳寿命。Nunez et al.、Domingos et al. 为探究掺入 PPA 后沥青疲劳性能与高温性能间的相互联系,采用 LAS 和 MSCR 试验进行评价,发现高温性能和疲劳性能指标间无明显相关性。Jafari et al. 也采用了相同试验方法进行探究,试验结果表明,尽管 PPA 的加入对沥青的恢复率与蠕变柔量有所改善，但其高温指标却无法达到规范要求下限；同时随着 PPA 在沥青中含量的增加，抗疲劳特性也随之呈现出积极的趋势，也证明了 PPA 改性沥青的疲劳特性与高温性能间无必然联系。Pamplona et al. 基于 LAS 试验得到类似结论，即认为 PPA 在改善沥青疲劳特性方面有着积极的作用，但试验结果发现该结论受沥青种类及标号的波动影响较大，稳定性有待进一步研究。

综上可知，PPA 改性沥青的疲劳性能与下列几个因素有关：一是基质沥青的种类；二是试验过程中的加载受力状态。此外，目前尚不清楚 PPA 如何影响沥青疲劳特性，对影响机制的认识还存在不足，有待进一步的探究。

1.3.3.4　老化性能

沥青路面直接暴露于外部环境中，在氧气、水、紫外线等的作用下，沥青将发生复杂的物理化学反应，导致沥青材料逐渐变硬，路面发生裂缝、脱落等病害，影响道路的使用性能。目前国内外实验室多采用旋转薄膜烘箱试验（RTFOT）和压力老化容器（PAV）来模拟室外沥青的老化过程。Yu et al. 通过研究发现，对于 70#基质沥青，可用 5 h PAV 老化替代薄膜烘箱老化（TFOT）；而对于改性沥青，可用 5 h PAV 老化替代旋转薄膜烘箱老化（RTFOT），如此一来缩短了模拟短期老化所用时间。现阶段，对于 PPA 改性沥青老化性能研究大多从以下两个方面着手：

一是基于沥青的化学组成成分（四组分）、微观分子结构或老化动力学等理论进行沥青老化分析和解释。如 Huh et al. 揭示了亚砜基和羰基对沥青老化不同阶段的影响，并指出短期老化中沥青的硬化与亚砜的生成速率有关，而羰基则是沥青长期老化行为的决定因素。Zhang et al. 通过建立分子动力学模型探究 PPA 改性沥青的老化过程，发现相较于基质沥青 PPA 改性沥青的老化速率更低，活化能更大，具有更优异的活性。Mothé et al. 通过老化动力学分析也得出类似结论。Baumgardner、Martin et al. 基于傅里叶红外光谱仪，并对 PPA 改性沥青红外光谱图进行分析，得出 PPA 能延缓沥青在老化过程中羟基等老化特征官能团的生成速度，从而提升沥青的老化特性。Masson et al. 、Dourado et al. 进一步得出 PPA 与含氧官能团具有较高的反应性，致使沥青中含氧官能团数量减少，延缓了沥青老化过程。刘红瑛采用通过试验方法发现 PPA/SBS 复合改性沥青红外光谱图中的亚砜基指数变化较小，而该基团的增多认为是沥青老化的标志，从而间接地证明了 PPA 对 SBS 改性沥青的抗老化作用有明显的积极作用。

二是对 PPA 改性沥青老化前后的性能进行研究。Lining et al. 就 PPA 对沥青短期老化的影响进行了研究，基于傅里叶变换红外光谱（FTIR）和沥青四组分试验指出，PPA 会使沥青由溶胶转变为凝胶，并通过分散沥青质胶束的团聚体来延缓沥青的老化，同时提升了沥青的热储存稳定性，但其温度敏感度也随之增大。程培峰等研究了 PPA、SBR 及 PPA/SBR 改性沥青的抗紫外老化性能，经紫外老化后沥青组分发生变化，胶体结构向凝胶型转变，最后得出 PPA/SBR 改性沥青的抗紫外老化能力要优于 PPA 和 SBR 单一改性沥青。郭洪欣等采用室内模拟试验研究 PPA 改性沥青混合料的抗热老化和抗紫外老化能力，结果表明，PPA 的加入可以明显改善基质沥青、小掺量 SBS、SBR 改性沥青混合料的抗紫外老化能力，可将 PPA 作为抗老化剂用于高紫外地区的沥青路面中。叶长建等在橡胶粉中加入一定量的 PPA，以研究 PPA 对 CR 改性沥青老化特性的影响规律，发现尽管随着 CR 的增加,老化性能降低,但 PPA 可以提高沥青的抗老化能力。

随着研究的深入,一些微观试验方法也用于研究沥青的老化性能,如 Yu et al. 通过动态模量、弯曲模量和扫描电子显微镜(SEM)测试来评估老化前后 SBS 改性沥青混合料的动态力学性能及微观结构形态特征;SEM 结果清楚地表明,随着老化时间的增长,损伤从沥青混合料表层到底层出现了皱纹、裂缝和凹坑等现象。尉燕斌通过 AFM 试验表征沥青表面形貌,进而间接判断沥青的老化特性,试验结果表明 PPA 的掺入有利于沥青蜂窝状结构的形成,进而促进沥青胶体结构的增加,提升弹性模量,改善沥青黏附特性。

综上所述,沥青老化过程中,所掺 PPA 性能保持稳定且经过短期、长期老化后,改性沥青的抗(热、氧)老化性能提升、高温稳定性和抗疲劳性能良好。

1.3.3.5　感温性能

沥青是感温性能材料,其稠度随着温度的变化而变化,在不同温度下表现出不同的力学性质,使得路用性能也会受到影响。科研人员在感温性能评价指标、影响因素等方面做了大量工作。蔡直言探讨了不同指标作为 PPA 改性沥青感温性指标的合理性,最后得出损失模量和存储模量组成的复数指数适合作为 PPA 改性沥青感温性能的评价指标。周育名等选用 PPA 与橡胶粉复合进行试验,结果显示,随着 PPA 掺量增加,PPA/橡胶粉复合改性沥青的感温性能得到改善,且当 PPA 掺量为 1.5%、橡胶粉掺量为 15%时沥青温度敏感性得到提高。Sajjad 利用针入度指标评价 PPA 改性沥青与 SBS 改性沥青的感温性能,结果前者优于后者,且 SBS 改性剂对沥青的感温性能影响较小。

1.3.4　多聚磷酸改性沥青混合料性能

1.3.4.1　高温稳定性

沥青混合料可视为一种分散体系,高温条件下受外力作用易发生位移和变形,产生车辙,从而影响其服役性能,因此如何提升矿物集料与胶结料结构的整体稳定性是研究沥青混合料高温性能的关键研究方向。目前,评价高温稳定性的主要方法有高温抗车辙试验、汉堡车辙试验及贯入剪切试验。宋小金等基于高温抗车辙试验和汉堡车辙试验来探究沥青混合料高温性能,试验结果表明相较于单一 SBS 改性沥青混合料,添加 PPA 后的复合改性沥青具有更好的高温性能。马峰等则利用 PPA 取代部分 SBS,并通过车辙试验对其沥青混合料高温性能进行研究,动稳定度指标结果显示 PPA 的掺入不仅可以减少 SBS 在沥青混合料中的掺量,还可以在一定程度上提升沥青混合料的高温抗车辙性能。相较于上述研究,张展铭引入了 SBR 改性剂,并对单一 PPA、单一 SBR 及 PPA/SBR 复合改性沥青混合料高温稳定性进行研究,动稳定度指标表明单一 PPA 和 PPA/SBR 复合对沥青混合料的高温稳定性能具有积极作用,而单一 SBR 改性沥青混合料的高温稳定性改善作用不明显,动稳定度仅满足现有规范要求。刘红瑛等改变试验方法及评价指标,利用贯入剪切试验以应力强度指标来评价沥青混合料的高温稳定性能,试验探究了 PPA 对基质沥青混合料、SBS 改性沥青混合料和 SBR 改性沥青混合料的高温性能影响,结果显示 PPA 对 3 种沥青混合料的高温稳定性均具有积极正面作用,其应力强度均大幅提升,但掺入 PPA 后的沥青混合料和掺入 SBR 后的沥青混合料的应力强度提升幅度相差并不明显。进一步可知,PPA/SBS 或 PPA/SBR 复合掺配较单一改性剂掺配,其混合料高温稳定性能更优。Jafari et al. 研究了不同温度(40 ℃、55 ℃)及不同 PPA 掺量(0.5%、1%、1.5%)下的沥青混合料抗车辙性能的提升率,发现随着 PPA 掺量的增加,高温抗车辙性能也随着升高,但随着温度的升高,抗车辙稳定性提升率降低,且当 PPA 掺量为 1.5%时,抗高温变形能力最好。Hao et al. 通过常规和优化性试验,研究了 PPA/SBR 复合改性剂对沥青和沥青混合料流变性能和力学性能的影响,结果表明 PPA 能显著提高基层和 SBR 改性沥青及混合料的抗车辙性能。Babagoli et al. 选用 PPA、温拌沥青(WMA)改性剂和 SBR 3 种改性剂来提升沥青混合料的路用性能,其中 PPA 对沥青混合料的抗车辙改善效果最好,且车辙试验结果表明增加 PPA 的掺量与沥青混合料的抗车辙性能呈正相关。

1.3.4.2 **低温抗裂性**

我国沥青混合料低温抗裂性能的研究多采用低温小梁弯曲试验进行评价,即将成型后的车辙板试件切割成棱柱体小梁试件,置于万能试验机中进行加载,并以劲度模量和破坏应变作为混合料低温开裂性能的评价指标。美国 SHRP 计划中则提出约束温度应力试验,通过测定沥青混合料冷却过程中的温度-应力曲线,以断裂温度和断裂强度为评价指标,从而评价沥青混合料的低温开裂性能。此外,还有研究人员采用其他的试验评价沥青混合料的低温性能,如半圆弯拉试验和间接拉伸试验等。Zegeye et al. 研究了沥青混合料的低温性能,采用半圆弯拉试验、间接拉伸试验等手段从多角度进行评价,结果表明 PPA 改性沥青混合料的低温断裂能低于 SBS 改性沥青混合料,而 PPA/SBS 复合改性沥青混合料与 SBS 改性沥青混合料的性能相近,且较单一 PPA 改性沥青混合料的低温性能更优。刘红瑛等基于贯入剪切、半圆弯拉、弯曲疲劳等试验对 PPA 改性沥青混合料的高低温性能及抗疲劳能力进行研究,结果表明,PPA 能够显著提高沥青混合料的高温抗剪能力,PPA 与 SBS 或 SBR 聚合物改性剂复合后,能有效改善 PPA 单一改性沥青对沥青混合料产生的不利影响。莫定成等对 PPA 改性沥青及混合料的低温性能进行研究,结果表明 PPA 可以改善沥青及混合料的性能,且随着温度的降低,PPA 对低温性能的提升效果越好。王岚等采用松弛时间和蠕变速率等指标分析了 PPA/SBS 复合改性沥青混合料在低温条件下的流变特性,结果表明 PPA/SBS 改性沥青混合料比 SBS 改性沥青混合料更早进入蠕变稳定期,且蠕变速率和累计变形量大于 SBS 改性沥青混合料,说明 PPA/SBS 改性沥青混合料可以取得良好的低温抗裂性能。李彩霞等基于半圆弯拉试验研究了提升 PPA 改性沥青混合料低温抗裂性的方法,发现在 PPA 改性沥青混合料中添加纤维可以改善其低温性能,且 PPA/SBR 对混合料低温性能的改善效果要优于 PPA/SBS。长期的工程实践表明,试验所得到的沥青低温性能评价指标并不能客观且准确地反映沥青的实际路用性能,为了探究 PPA 改性沥青与混合料低温性能之间的相关联性,刘红瑛等对多种沥青及混合料低温性能评价指标进行研究,发现 BBR 试验并不能反映沥青胶结料的实际低温性能,约束温度应力试验中的断裂温度和断裂强度指标能够更好地反映 PPA 改性沥青混合料的低温抗裂性能。Zhang et al. 指出 PPA 对沥青混合料的低温性能存在负面影响,并通过研究发现酸化和硫化可有效解决上述问题,并制备出性能更好、成本更低的 SBS/PPA/硫复合改性沥青。Teltayev et al. 通过直接拉伸试验和拉伸应力约束试样试验(TSRST)评价了 PPA 改性沥青混合料的低温开裂性,结果表明 PPA 降低了-30 ℃下的混合料强度,而在-20 ℃、-10 ℃条件下强度得到提升。

1.3.4.3 水稳定性

集料具有较强的亲水性，而沥青为油性物质，因此集料对水的吸附能力远远大于沥青。而沥青混合料通常都具有一定的孔隙率，降雨之后部分水会通过路面表层的孔隙渗入路面内部，一旦裹覆在集料表面的沥青膜出现破损，水分极易浸入沥青与集料间的黏结界面，置换黏附在集料表面的沥青，导致沥青膜脱落，最终在路面表现为沥青路面的水损害，并随着行车荷载等外界作用，集料脱离路面逐渐发展为坑槽与松散。沥青混合料的水损害性能可通过研究沥青与集料的黏附性来确定，评价手段通常采用水煮、水浸法，该方法受主观因素影响较大。接触角试验近年来被不断完善验证，采用表面自由能定量研究沥青材料黏附性能已经成为强有力的手段。此外，AFM 作为一种辅助验证手段，不仅能对沥青结合料的微观黏附特性进行检测，还为更准确地把握沥青微观结构和力学性能提供了新的研究方法。

Huang et al. 通过黏结试验测试 PPA、SBS 改性沥青与集料的拉拔强度，结果发现 PPA 改性沥青与集料的拉拔强度高于 SBS 改性沥青，表明掺入 PPA 可增强沥青与集料的黏结性。周璐等也通过拉拔试验研究了 PPA、SBS 等改性剂对沥青黏附性和内聚力的影响，结果表明 PPA 降低了沥青的水敏感性，改善了沥青与集料的黏附性；而 SBS 虽然降低了沥青与集料的黏附性，但增强了沥青的内聚力，从而提高了沥青的力学稳定性。Reinke et al. 、Orange et al. 采用车辙试验和冻融劈裂试验评价沥青混合料的抗水损害能力得出相同结论，即 PPA 可改善沥青混合料的水稳定性。Li et al. 采用接触角试验和表面自由能法以定量评价 PPA 种类对 PPA/SBS 复合改性沥青黏结性能的影响，发现 PPA 的加入可以提高聚合物改性沥青的黏附性，但随着掺量的增加，PPA/SBS 复合改性沥青剥离功逐渐增大，黏附功和内聚功逐渐减小，并指出改性沥青的黏结性能与 PPA 的类型和基质沥青的种类有关。魏建明等同样发现 PPA 改性沥青的表面自由能与基质沥青的种类有关，具体与基质沥青中沥青质的含量相关，当沥青质含量低时，表面自由能随 PPA 掺量的增加先增大后减小；当沥青质含量高时，表面自由能随 PPA 掺量的增加则呈现下降趋势。进一步地，Li et al. 基于 AFM 试验对其微观黏结性能指标进行测定，并建立了微观黏附性能表征方法（峰面积比）与宏观黏附性能指标（黏附功）之间的关系，提出采用峰面积比来表征 PPA/SBS 复合改性沥青的微观黏附性能。

1.3.5 研究现状总结

综合分析上述文献综述，目前众多学者对 PPA 改性沥青及沥青混合料的技术性能进行了较为全面的研究，在 PPA 改性沥青高温性能、分散均匀性等方面达成了较为统一的结论，但在 PPA 改性沥青及复合改性沥青改性机制、低温性能及微观结构与宏观性能关联模型方面的研究不充分，具体有以下几个方面：

（1）PPA 单一/复合改性沥青性能研究分析深度不足。

针对 PPA 单一/复合改性沥青的高温性能的研究较多，且基本都认同 PPA 的加入能改善改性沥青的高温性能，但是在低温性能方面评价不一，研究深度和广度都不够。

（2）PPA 单一/复合改性沥青微观结构和改性机制研究不全面。

现有文献综述显示，对 PPA 单一/复合改性沥青微观机制做了大量的研究，但目前对

PPA 与基质沥青的反应是否为化学改性还是存疑,故要从宏观、微观及宏微观指标关联分析进行进一步研究。

(3)PPA 复合改性沥青研究范围不够。

PPA 因其高性能低价格的优势,以期替代部分聚合物改性剂。现有研究大多数针对 PPA/SBS 复合改性沥青,而对于 SBR 复合的研究不多,故扩大研究范围,增选 SBR 作为改性剂进行研究,从而发挥 SBR 在改善沥青性能方面的优势。

1.4 主要研究内容

本书针对上述研究现状总结不足,分别对 PPA 单一/复合改性沥青及混合料开展微观分析和技术性能试验研究。具体内容如下:

(1)多聚磷酸改性沥青制备及常规性能研究。

首先选择不同类型的沥青、不同磷酸含量的 PPA 及不同种类聚合物的改性剂,分析其指标参数;制备不同单一改性沥青和 PPA/SBS、PPA/SBR 复合改性沥青,通过三大指标等试验对改性沥青常规性能进行测试,运用 SPASS 软件分析多因素对三大指标的影响。

(2)多聚磷酸改性沥青流变性能研究。

利用 DSR、BBR、RTFOT、MSCR 等试验,测试老化前后的单一改性和 PPA/SBS、PPA/SBR 复合改性沥青的流变特性,分析老化前后的高温性能、低温性能及感温性能等,并用 Burgers 模型对改性沥青低温性能进行多指标评价,结合沥青三大指标归一化处理结果,确定单一改性和复合的最佳掺量。

(3)多聚磷酸改性沥青微观结构及改性机制研究。

采用扫描电镜(SEM)对 PPA 单一/复合改性沥青观察表面微观形态,分析 PPA、聚合物改性沥青与基质沥青的相容性;对 PPA 单一/复合改性沥青进行四组分(SARA)试验;采用傅里叶红外光谱(FTIR)对 PPA 单一/复合改性沥青的化学结构进行表征,通过红外特征吸收峰判断其官能团的变化情况,以此解释 PPA 改性沥青的改性机制。

(4)多聚磷酸改性沥青混合料性能研究。

选用不同类型基质沥青、不同掺量 PPA 及不同聚合物改性剂,制备 PPA 单一/复合改性沥青混合料。采用车辙试验来评价 PPA 单一/复合改性沥青混合料的高温抗变形能力;采用小梁弯曲试验来评价 PPA 单一/复合改性沥青混合料的低温性能,并验证 Burgers 模型预测的低温性能;采用浸水马歇尔试验和冻融劈裂试验来评价 PPA 单一/复合改性沥青混合料的水稳定性,并用统计回归法分析 PPA 改性沥青混合料的显著性影响。

第 2 章　多聚磷酸改性沥青常规性能研究

聚合物改性沥青是在基质沥青中添加聚合物,通过物理混合或化学交联等方法制备,能表现出比基质沥青更为优异的高、低温性能。但其不是完全均匀的分散体系,聚合物和沥青在分子量分布上存在差异,难以形成较好的分散体系。PPA 是采用 P_2O_5 和 H_3PO_4 经过热反应聚合形成的酸改性剂,其不同磷酸含量影响 PPA 改性沥青的改性效果。目前常用于沥青改性的 PPA 浓度主要是 105%、110%、115%三种。本章通过选用不同类型基质沥青、不同磷酸含量 PPA 开展单一改性和复合改性沥青的基本性能试验,基于 SPSS 分析方法,探究不同因素对 PPA 改性沥青的性能影响及其配伍性,确定 PPA 的单一改性及复合改性推荐范围。

2.1　原材料

2.1.1　沥青

试验沥青采用中国石油化工集团有限公司(简称中石化)生产的东海-70#、壳牌(中国)公司生产的壳牌-70#、韩国 SK 公司生产的 SK-90#、辽河石化生产的辽河-90#与秦皇岛中石油燃料沥青公司生产的昆仑-90#,主要技术指标如表 2-1 所示。

表 2-1　沥青技术性能

试验项目		单位	检测结果					试验方法
			东海-70#	壳牌-70#	SK-90#	辽河-90#	昆仑-90#	
软化点(R&B)		℃	53.1	51.3	50.0	49.2	49.5	T 0606
延度(50 mm/min,10 ℃)		cm	39.7	47.2	54.8	>100	>100	T 0605
针入度(25 ℃,5 s,100 g)		0.1 mm	64.2	63.9	84.0	84.6	93.5	T 0604
溶解度		%	99.9	99.8	99.9	99.7	99.9	T 0607
密度(15 ℃)		g/cm³	1.033	1.040	1.036	1.042	1.031	T 0603
闪点		℃	279	329	294	316	283	T 0611
RTFOT 残留物	质量变化	%	0.47	0.53	0.26	-0.16	0.58	T 0610
	残留针入度比(25 ℃)	%	70.2	68.5	71.4	73.1	64.3	T 0604
	残留延度(10 ℃)	cm	14.1	6.4	9.2	8.7	9.5	T 0605

注:试验方法根据《公路工程沥青及沥青混合料试验规程》(JTG E20—2011)确定。

2.1.2　多聚磷酸

多聚磷酸是一种无色透明黏稠状液体，具有腐蚀性，属二级无机酸性腐蚀物品，化学式为 $H_{n+2}P_nO_{3n+1}$，如图 2-1 所示。PPA 为质子酸，能溶解多种低分子及高分子有机化合物，能与水混溶并水解为正磷酸，加热到 60 ℃呈现流动状态。在工业用途中，根据 H_3PO_4 质量所占不同百分数，可将 PPA 分为不同的等级。

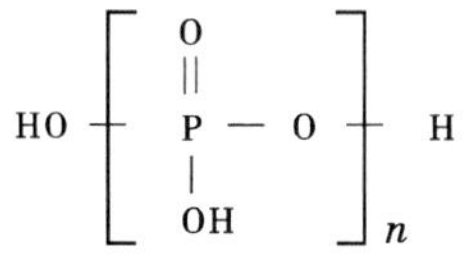

图 2-1　PPA 分子结构式

不同等级的 PPA 对同一种基质沥青的改性效果不同，其原因在于，PPA 是含有磷酸根短链的聚合物，不同 H_3PO_4 含量的 PPA 生成物的链长各不相同，链长的长度会影响其交互作用，且链长越长交互效果越好，从而沥青的黏性越好。例如，105%的磷酸含有更多的短单元体、二聚合物、正磷酸和焦磷酸；110%的磷酸的单元体数量相对较少，且含有相同含量的二聚合物，反应后的化合物链个数 $n>3$ 个单元；115%的磷酸几乎没有单体单元，反应后的化合物链个数 n 为 2～14 个单元。PPA 的等级越高，相应改性后的沥青黏性更好。

为进一步验证 PPA 对沥青的改性效果，本书选用 H_3PO_4 含量为 105%、110%（见图 2-2）、115%及 118%PPA（可写为 PPA-105、PPA-110、PPA-115、PPA-118）进行试验，主要技术指标如表 2-2 所示。

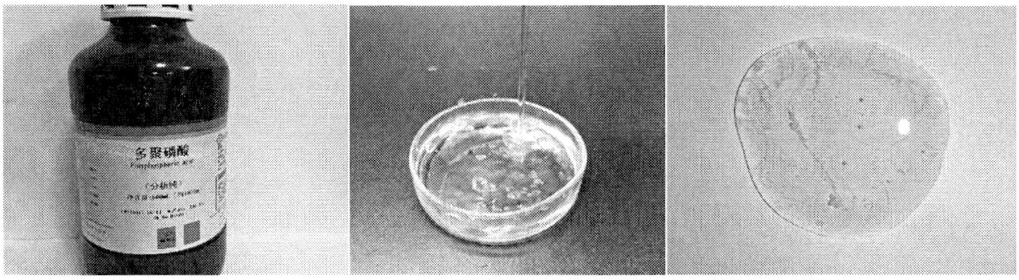

图 2-2　磷酸含量为 110%的 PPA 化学试剂

表 2-2　PPA 基本指标

PPA 种类	试验指标			
	P_2O_5 浓度/%	氯化物(Cl)/%	重金属(以 Pb 计)/%	铁(Fe)/%
PPA-105	76.0	≤0.001	≤0.003	≤0.01
PPA-110	82.0			≤0.002
PPA-115	83.3			≤0.002
PPA-118	85.4			≤0.002

2.1.3　聚合物改性剂

本次研究采用中石化生产的线型 SBS1401 和北京宇达生产的 SBR 粉末作为聚合物改性剂，见图 2-3。其各项性能指标如表 2-3、表 2-4 所示。

(a)SBS

(b)SBR

图 2-3　SBS 和 SBR 改性剂

表 2-3　SBS1401 主要技术指标

技术指标	单位	实测值
S/B 比	—	40/60
充油率	%	0
挥发分	%	≤0.7
灰分	%	≤0.2
300%定伸应力	MPa	≥3.5
拉伸强度	MPa	24.0
扯断伸长率	%	730
邵氏硬度	A	85
熔体流动速率	g/10 min	0.1~5.0

表 2-4　SBR 主要技术指标

技术指标	单位	实测值
粒度	目	10~80
结合苯乙烯含量	%	10~50
门尼黏度	ML	45~65
300%定伸应力	MPa	15
拉伸强度	MPa	≥20

2.2　多聚磷酸改性沥青制备

经分析国内外学者对 PPA 改性沥青制备方法的研究,总结优缺点,结合 PPA 的物化特征和聚合物改性剂 SBS、SBR 的特点,考虑两者之间的相容性,提出合理的 PPA 单一改性和复合改性的制备方法,研究 PPA 掺量、聚合物改性剂掺量、剪切时间、搅拌速率等制备工艺。同时考虑到避免试验过程中改性沥青的反复加热,提出制备好的改性沥青要提前分装到不同的不锈钢容器中,以确保沥青试样的加热次数和加热过程相同。

2.2.1 PPA 单一改性沥青制备

经过分析,目前尚未有统一的 PPA 单一改性沥青制备工艺。根据现有研究成果汇总,提出如下 PPA 单一改性沥青制备工艺:

(1)沥青脱水。加热沥青至 150 ℃,边加热边人工搅拌 5 min,并确保受热均匀,直至基质沥青完成脱水。

(2)添加 PPA 改性剂。将称量好的 PPA 缓慢倒入沥青中,设定高速剪切乳化机的转速为 3 500 r/min,持续剪切 6 min,直至沥青中不产生气泡。

(3)改性沥青分装。将制备好的 PPA 改性沥青分装到多个不锈钢容器中。

2.2.2 PPA/SBS 复合改性沥青的制备

分析国内外学者的 SBS 改性沥青制备工艺,其主要步骤基本吻合,故本书参考常用的 SBS 改性沥青制备方法制备 PPA/SBS 复合改性沥青,主要流程如下:

(1)沥青脱水。将基质沥青均匀加热至 170 ℃左右,边加热边搅拌 5 min,直至沥青完全脱水。

(2)添加 SBS 改性剂。将事先称好重量的 SBS 颗粒加入沥青中,设定剪切机的速率为 4 500 r/min,剪切 30 min;再将称重好的 PPA 倒入其中,设置剪切速率为 4 500 r/min,剪切 30 min。

(3)溶胀恒温发育。将制备好的 PPA/SBS 复合改性沥青样品,放置到 180 ℃的恒温烘箱溶胀发育 1 h 即可,最后将制备好的 PPA/SBS 复合改性沥青倒入容器中备用。

2.2.3 PPA/SBR 复合改性沥青的制备

现有的 SBR 改性沥青制备流程与 SBS 改性沥青大致相似,故采用与 2.2.2 节相同的制备流程完成 PPA/SBR 改性沥青的复合,主要流程如下:

(1)沥青脱水。将基质沥青均匀加热至 170 ℃左右,边加热边搅拌 5 min,直至沥青完全脱水。

(2)添加 SBR 改性剂。将事先称好重量的 SBR 粉末加入沥青中,设定剪切机的速率为 4 500 r/min,剪切 30 min;再将称重好的 PPA 倒入其中,设置剪切速率为 4 500 r/min,剪切 30 min。

(3)溶胀恒温发育。将制备好的 PPA/SBR 复合改性沥青样品,放置到 180 ℃的恒温烘箱溶胀发育 1 h 即可,最后将制备好的 PPA/SBR 复合改性沥青倒入容器中备用。

2.3 多聚磷酸单一改性沥青常规性能研究

2.3.1 多聚磷酸类型对改性沥青常规性能的影响

不同类型的 PPA 对沥青的改性效果存在差异;且有研究表明,PPA 的掺量通常为

0.2%~2.0%,具体掺量应综合考虑路用性能和经济性。为探究 PPA 类型对基质沥青的影响,本次研究基质沥青选择东海-70#,PPA 类型选用 PPA-105、PPA-110、PPA-115 及 PPA-118,在 PPA 掺量为 0、0.5%、1.0%、1.5%和 2.0%下进行三大指标沥青性能试验。

2.3.1.1　多聚磷酸类型对软化点的影响

图 2-4、图 2-5 为不同等级 PPA 改性沥青软化点的试验结果。

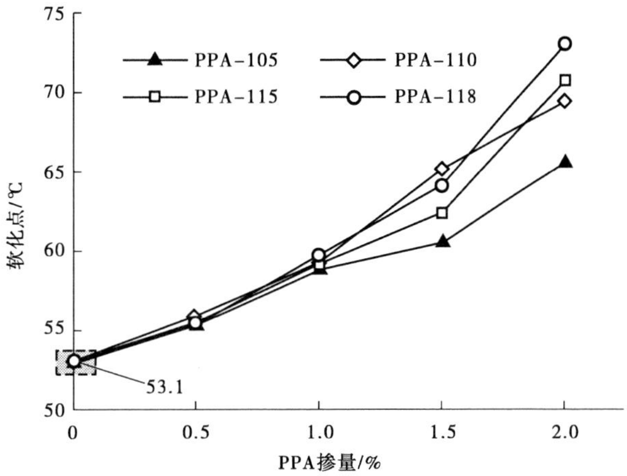

图 2-4　不同掺量不同等级 PPA 改性沥青的软化点

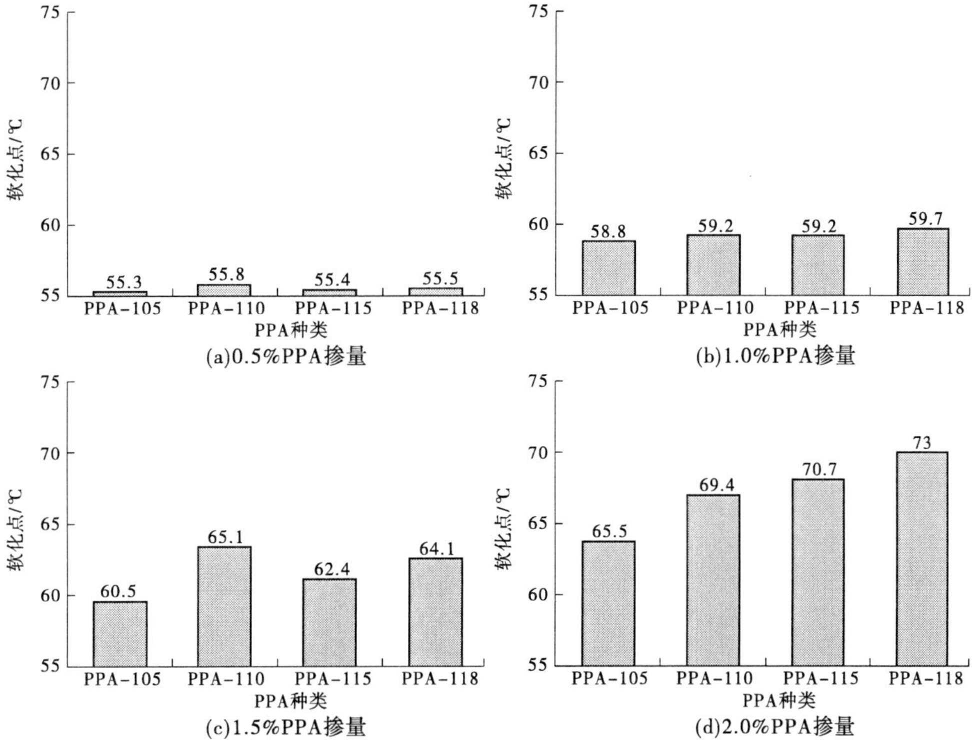

图 2-5　各掺量不同等级 PPA 改性沥青的软化点

分析图 2-4、图 2-5 可知：

(1)PPA 改性沥青的软化点变化与 PPA 掺量的关系呈正相关。如图 2-4 所示，4 种 PPA 改性沥青的软化点均随着 PPA 掺量的增加而增大，且均大于未掺加 PPA 的基质沥青的软化点值 53.1 ℃。这是因为 PPA 的加入，沥青中的沥青质含量会增加，胶团数量增多，胶团之间的作用力增强，提高改性沥青的黏度，使得改性沥青的软化点上升，改善沥青的高温性能。

(2)PPA 掺量大小对改性沥青软化点的影响呈差异性。当 PPA 掺量小于 1.0%时，4 种 PPA 改性沥青的软化点变化不大；当掺量在 1.0%~2.0%时，不同 H_3PO_4 含量的 PPA 对沥青软化点的影响较为明显，表明 PPA 的掺量越大，其中的磷酸含量对软化点的影响越显著。进一步分析同一掺量不同等级的 PPA 改性沥青，发现 PPA-110 和 PPA-118 软化点的试验结果较为相近。

2.3.1.2　**多聚磷酸类型对针入度的影响**

图 2-6、图 2-7 为不同等级 PPA 改性沥青 25 ℃针入度的试验结果。

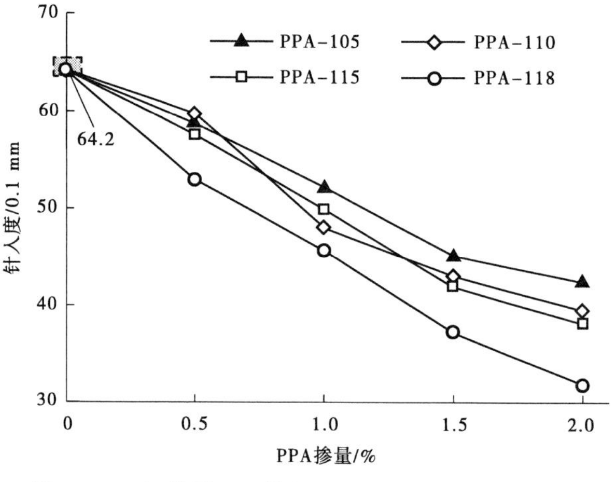

图 2-6　不同掺量不同等级 PPA 改性沥青的针入度

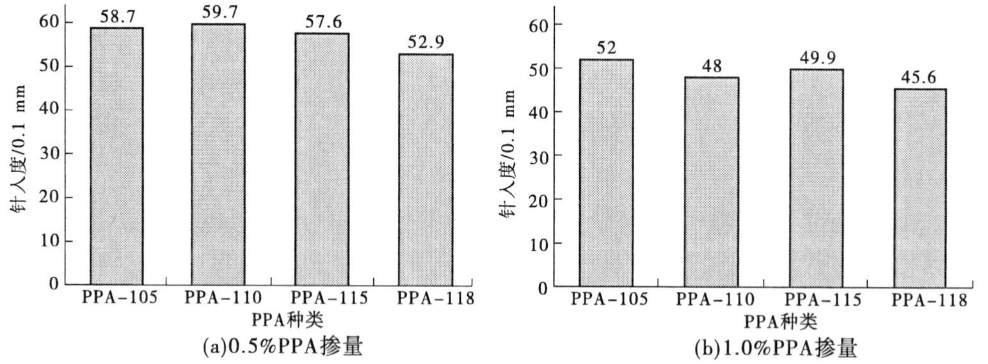

图 2-7　各掺量不同等级 PPA 改性沥青的针入度

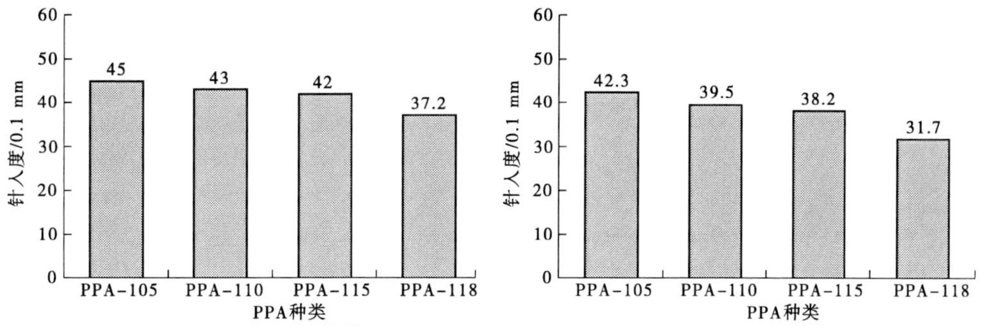

(c)1.5%PPA掺量　　(d)2.0%PPA掺量

续图 2-7

分析图 2-6、图 2-7 可知：

(1)PPA 改性沥青的 25 ℃针入度变化与 PPA 掺量的关系呈负相关。如图 2-6 所示，4 种 PPA 改性沥青的针入度均随着 PPA 掺量的增加而减小，且均小于未掺加 PPA 的基质沥青针入度值 64.2(0.1 mm)。由沥青性能可知，沥青针入度越小，表明沥青越硬、黏度越大，有利于沥青耐热性的提高。

(2)PPA 掺量大小对沥青针入度的影响呈差异性，且同一掺量不同等级的 PPA 改性沥青针入度也有不同。当 PPA 掺量小于 1.0%时，同一 PPA 掺量的沥青针入度值随 H_3PO_4 含量呈现先增大后减小的趋势。如当掺量为 0.5%时，PPA-105 的针入度为 58.7(0.1 mm)，PPA-110 的针入度为 59.7(0.1 mm)，针入度值有细微的增幅，这可能是与基质沥青的类型有关，磷酸含量为 110%的 PPA 与东海-70#沥青表现出较好的改性效果；而到 PPA-115、PPA-118 时，针入度值持续降低，且磷酸含量从 115%到 118%时，沥青针入度值降低幅度较为明显，这可能是因为不同 H_3PO_4 含量的 PPA 生长物的链长不同，且 H_3PO_4 含量较大的 PPA-115、PPA-118，其几乎不含短单体单元，链长较长，使得链之间的交互作用增大，黏性效果越好，针入度减小。

2.3.1.3　多聚磷酸类型对延度的影响

图 2-8、图 2-9 为不同等级 PPA 改性沥青 10 ℃延度的试验结果。

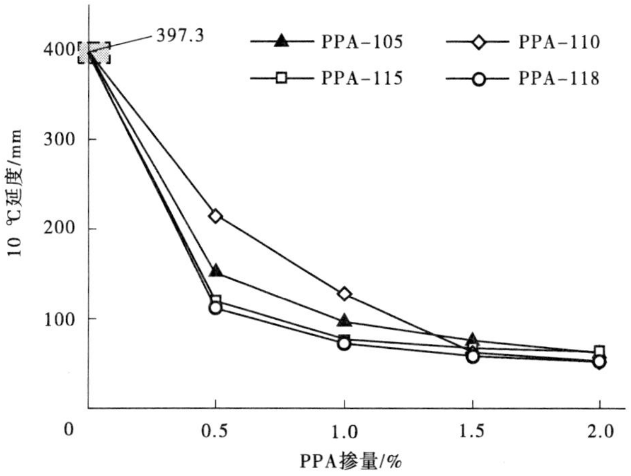

图 2-8　不同掺量不同等级 PPA 改性沥青的 10 ℃延度

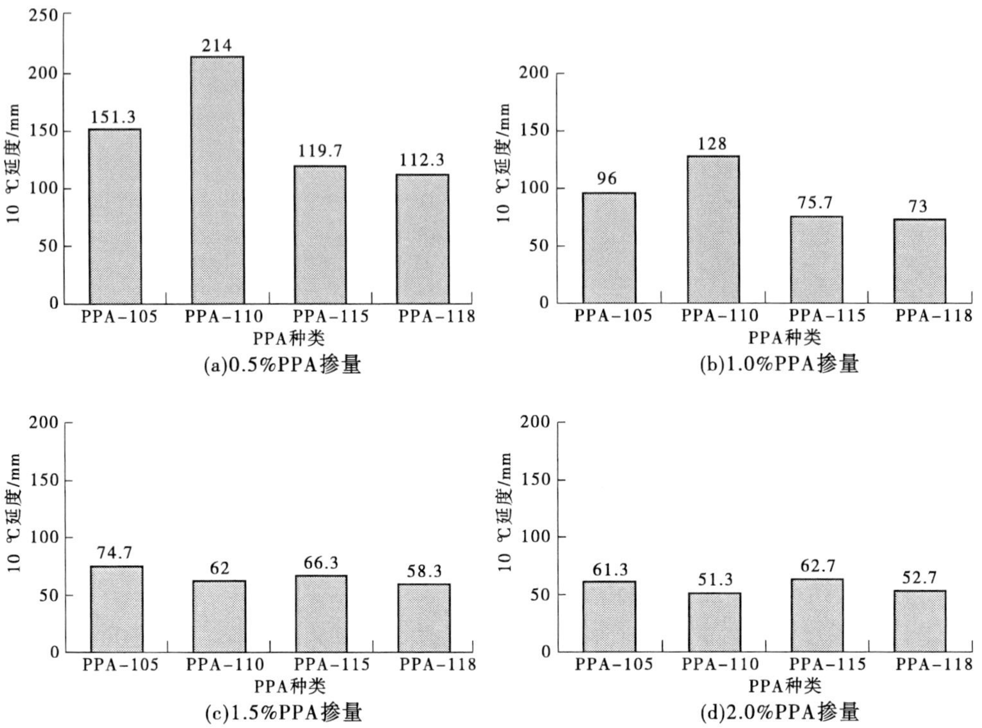

图 2-9 各掺量不同等级 PPA 改性沥青的 10 ℃延度

分析图 2-8、图 2-9 可知：

(1)PPA 改性沥青的 10 ℃延度变化与 PPA 掺量的关系呈负相关。如图 2-8 所示，4 种 PPA 改性沥青的延度均随着 PPA 掺量的增加而减小，且均小于未掺加 PPA 的基质沥青延度值 397.3 mm，这说明加入 PPA，使得沥青变硬，沥青低温抗裂性能降低。

(2)PPA 掺量大小对 10 ℃延度的影响呈差异性。当 PPA 掺量小于 1.0%时，4 种 PPA 改性沥青的延度影响较大，且磷酸含量为 110%的 PPA 改性沥青的 10 ℃延度较大，表示低温效果较好；当掺量在 1.5%~2.0%时，PPA 改性沥青的延度变化趋于水平，表明 H_3PO_4 含量对沥青延度的影响逐渐减小。

综上所述，综合考虑 PPA 对三大指标的影响，当 PPA 掺量为 0.5%~1.5%时，PPA-110 改性沥青和 PPA-118 改性沥青在软化点和针入度的试验结果更为有利于沥青改性效果；但结合延度分析，PPA-118 的延度较低，不利于沥青的低温抗裂性。而且等级越高的 PPA 价格更高，黏度较大不利于实际施工。故推荐采用掺量为 0.5%~1.5%的 PPA-110 进行 PPA 单一改性沥青的制备。

2.3.2 基质沥青类型对改性沥青常规性能的影响

PPA 影响基质沥青的分散相和化学成分，故要分析不同沥青类型对 PPA 改性效果的影响。本次研究选用 5 种不同基质沥青(东海-70#、壳牌-70#、SK-90#、辽河-90#、昆仑-90#)制备 PPA 改性沥青，基于 2.3.1 节的分析，PPA 选用磷酸含量为 110%，掺量为 0、0.5%、1.0%、1.5%、2.0%。

分析图 2-10 可知：

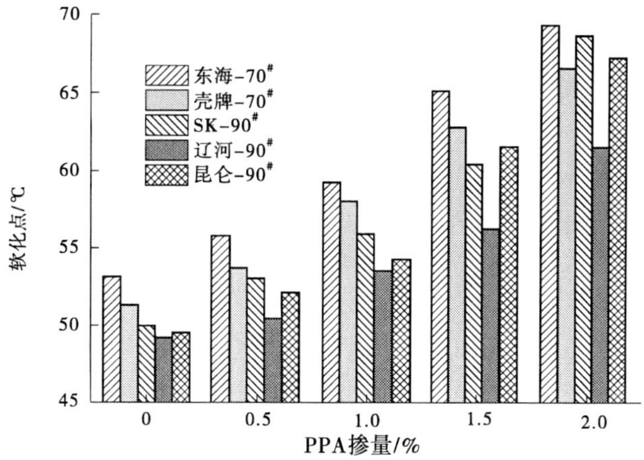

(a)软化点

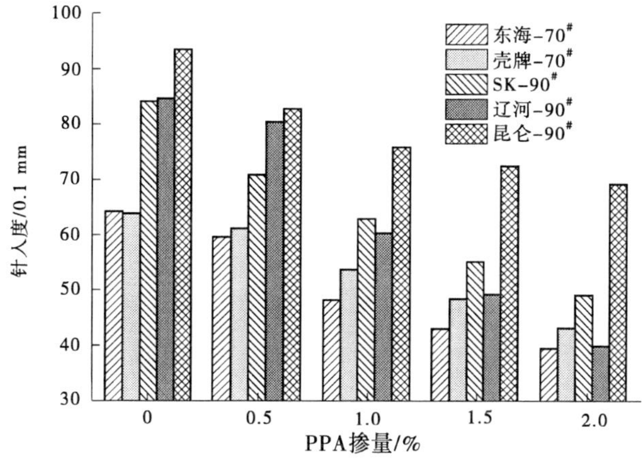

(b)针入度

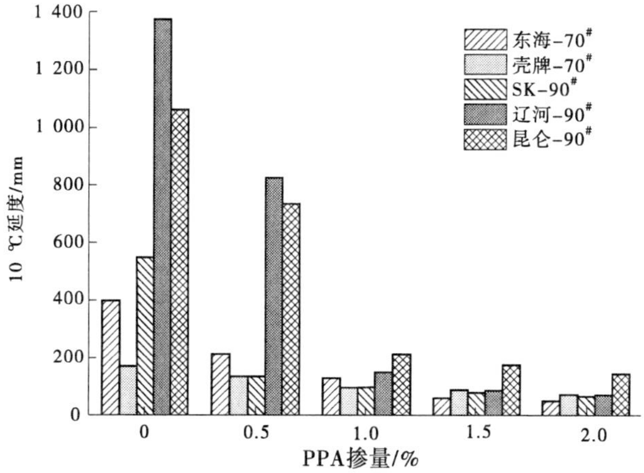

(c)10 ℃延度

图 2-10　不同基质沥青 PPA 改性沥青三大指标试验结果

(1)加入 PPA 对不同类型沥青的三大指标产生影响。PPA 改性沥青的软化点随 PPA 掺量的增大而增加,针入度和延度随 PPA 掺量的增大而减小,且延度在掺量超过 0.5%时,降低幅度明显。这是因为 PPA 的加入,会减少沥青中的轻质成分,导致沥青变硬;相比原样沥青,PPA 改性沥青体系有向凝胶型转变的趋势,沥青黏度提高。

(2)PPA 对不同标号基质沥青的性能影响不同。70#基质沥青比 90#基质沥青的软化点大,但在加入 PPA 后,其 70#基质沥青的软化点增大和针入度减小的幅度比 90#基质沥青的要小,表明沥青标号越大,PPA 对沥青的改性效果更为显著,沥青黏度和高温稳定性提升更为明显。相反,3 种 90#基质沥青的 10 ℃延度减小幅度远大于 2 种 70#基质沥青,说明高标号的沥青加入 PPA 后低温性能存在不利影响。考虑到不同地区选用沥青,高标号的沥青一般用于寒冷地区,在沥青低温方面有更为严格的要求,故若要在寒冷地区或者对沥青低温性能有严格要求的地区,不推荐用 PPA 对沥青单一改性。同时,也说明 PPA 作为沥青改性剂时更适合在高温地区使用。

(3)综合分析 PPA 对不同类型沥青三大指标的影响。软化点与针入度的变化趋势较为缓和,延度的变化幅度更为显著,兼顾考虑高低温性能,PPA 掺量对 PPA 改性沥青的改性效果影响较大,且不同沥青类型也对改性效果有显著影响。

(4)为量化 PPA 对不同沥青类型的影响,现对三大指标数据进行处理,以基质沥青的三大指标值 L_0 为标准,以掺量为 2%的 PPA 改性沥青三大指标值 L_1,计算其变化率 w,表示为:$w=\frac{|L_0-L_1|}{L_0}\times100\%$,结果如图 2-11 所示。

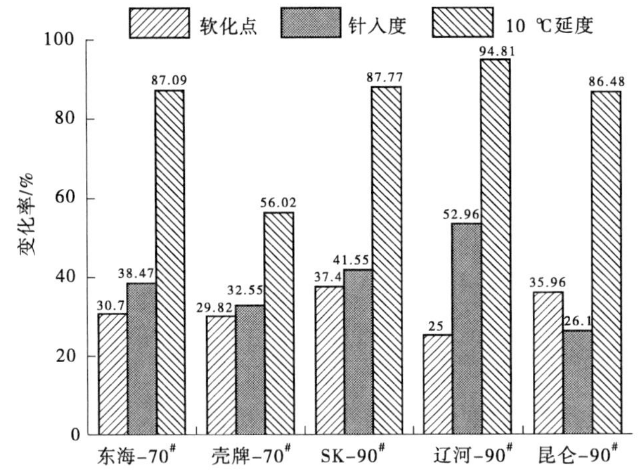

图 2-11　不同基质沥青 PPA 改性沥青三大指标增变化率

分析图 2-11,软化点增幅较大的是东海-70#、SK-90#、昆仑-90#,针入度和延度降低幅度较小的是东海-70#、壳牌-70#、昆仑-90#。综合分析 PPA 改性沥青的高低温性能,拟定选用东海-70#、昆仑-90#两种基质沥青进行复合。

2.3.3　不同因素对改性沥青常规性能的影响

为分析 PPA 不同掺量、PPA 不同类型及沥青种类对 PPA 改性沥青的基本性能的影响,利用 SPSS 软件进行 Pearson 相关性分析,数据来源于 2.3.1 节、2.3.2 节沥青,对比变量有基质沥青标号、基质沥青及 PPA 改性沥青三大指标、PPA 掺量及成分含量(主要是 P_2O_5 和 H_3PO_4)等。具体分析结果如表 2-5 所示。

表 2-5　PPA 改性沥青三大指标影响因素相关性分析

Pearson 相关性分析	PPA 掺量	P_2O_5 含量	基质沥青标号	H_3PO_4 含量	基质沥青软化点	改性沥青软化点	基质沥青针入度	改性沥青针入度	基质沥青延度	改性沥青延度
改性沥青软化点	0.910**	0.081	-0.274	0.157	0.299	1	—	—	—	—
	0	0.621	0.087	0.333	0.061	—	—	—	—	—
改性沥青针入度	-0.707**	-0.058	0.583**	-0.231	—	—	0.634**	1	—	—
	0	0.724	0	0.151	—	—	0	—	—	—
改性沥青延度	-0.612**	0.005	0.399*	-0.097	—	—	—	—	0.490**	1
	0	0.977	0.011	0.551	—	—	—	—	0.001	—

注:* 表示在<0.05 水平(双侧)上显著相关;** 表示在<0.01 水平(双侧)上极显著相关。

分析表 2-5 可知:

(1)PPA 掺量与 PPA 改性沥青软化点、针入度、延度的相关系数为 0.910、-0.707、-0.612,均呈现极显著相关,其中针入度和延度与 PPA 掺量呈负相关。结果表明 PPA 掺量越高,软化点越大、针入度越小、延度越小,改性沥青的高温性能越好、低温性能越差。

(2)PPA 类型与改性沥青三大指标的显著性值均大于 0.05,表明两者之间未表现出明显的相关性;基质沥青标号与改性沥青软化点也未表现出明显的相关性。

(3)从改性沥青软化点来看,相关系数排序为 PPA 掺量>基质沥青软化点>基质沥青标号>H_3PO_4 含量>P_2O_5 含量,大致可以反映基质沥青种类相比 PPA 种类而言,对软化点的影响更为明显;从改性沥青针入度来看,相关系数排序为 PPA 掺量>基质沥青针入度>基质沥青标号>H_3PO_4 含量>P_2O_5 含量,整体而言,PPA 种类对改性沥青针入度的影响比沥青种类小,结果分析与软化点分析一致,表明沥青高温性能与沥青种类及 PPA 掺量相关,且前者的作用更为显著;从改性沥青延度来看,相关系数排序为 PPA 掺量>基质沥青延度>基质沥青标号>H_3PO_4 含量>P_2O_5 含量,也是显示沥青种类对改性沥青延度影响较为明显。

2.4　多聚磷酸复合改性沥青常规性能研究

国内外研究人员将 PPA 与某些聚合物(SBS、SBR、PE 等)复合,以期改善改性沥青的低温性能,且相容性和经济性较好;本次研究选用中石化生产的线型 S1401 和北京宇达生产的 SBR 粉末作为聚合物改性剂和 PPA 复合,进行相关性能试验,从而推荐出与 PPA 复合最适合的聚合物改性剂及掺量范围。

2.4.1　PPA/SBS 复合改性沥青常规性能研究

基于 2.3 节的分析结果,磷酸含量为 110%的 PPA 对基质沥青的改性效果较好,而且经济性也最优,故在后续的复合试验中,均选取 PPA-110 进行试验。另外,同时考虑造价成本和改性效果等方面,基质沥青选用东海-70#与昆仑-90#,SBS 的掺量选为 2%,PPA-110 的掺量选为 0.25%、0.5%、0.75%、1.0%、1.25%,并与 4%SBS 改性沥青试验结果进行对比。因东海-70#、昆仑-90#两种基质沥青试验结果相近,故下面仅列东海-70#基质沥青相关试验数据,主要数据如表 2-6 所示,其试验分析结果如图 2-12、图 2-13 所示。

表 2-6　不同掺量 PPA 与 SBS 复合后改性沥青的性能试验结果

沥青类型	掺量	软化点/℃	针入度/0.1 mm	5 ℃延度/mm
东海-70#	4%SBS	66.3	50.1	219.0
	2%SBS	55.3	55.2	152.3
	2%SBS+0.25%PPA	56.7	52.3	127.7
	2%SBS+0.5%PPA	57.9	49.7	117.3
	2%SBS+0.75%PPA	61.3	45.2	108.0
	2%SBS+1.0%PPA	63.5	43.6	87.3
	2%SBS+1.25%PPA	65.5	41.0	75.0

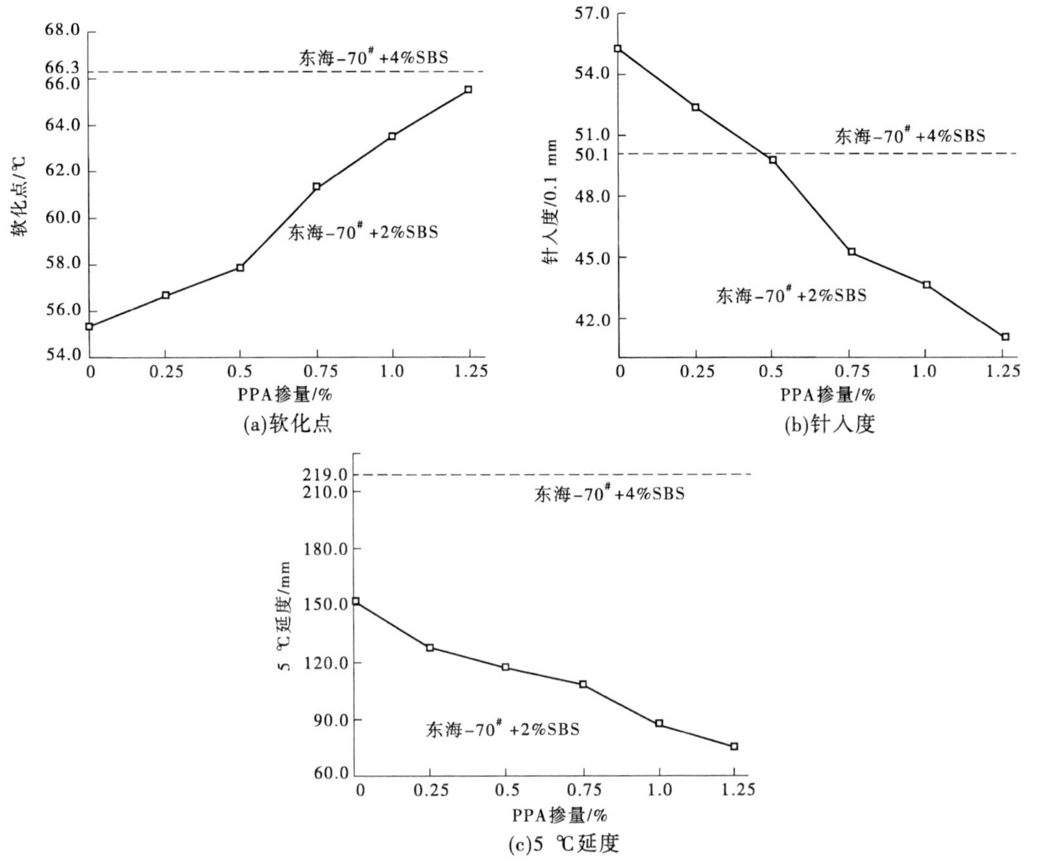

图 2-12　不同掺量 PPA/SBS 复合改性沥青三大指标试验结果

分析表 2-6、图 2-12、图 2-13 可知：

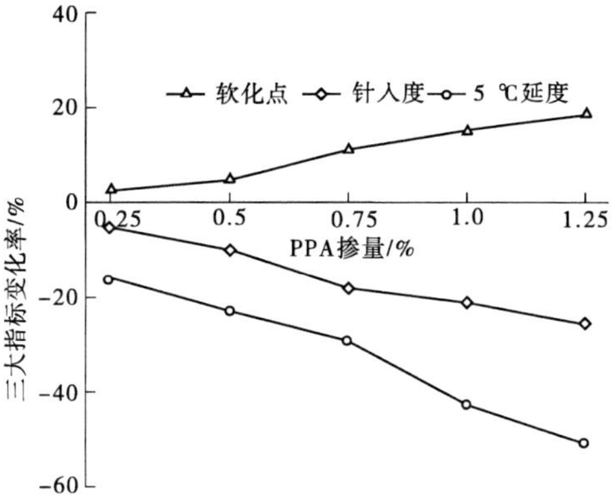

图 2-13　不同掺量 PPA 复合 2%SBS 改性沥青的三大指标变化率分析结果

(1)随着 PPA 掺量的增加，PPA/SBS 复合改性沥青的软化点逐渐增大，针入度和 5 ℃延度逐渐减小，表明 PPA 对沥青高温性能有积极影响，对沥青黏滞性和低温性能存在负面影响。相对于 SBS 单一改性沥青，在 PPA 掺量为 0～1.25%时，PPA/SBS 复合改性沥青三大指标变化趋势单一，几乎呈现线性关系，表明若 PPA 掺量继续增大，对高温性能与低温性能的影响继续加大。对于东海-70#基质沥青，与掺加 4%SBS 单一改性沥青相比，采用 2%SBS 和掺量约 0.5%PPA 的复合改性沥青的针入度、软化点相当，而延度略低，从而说明 2%SBS 复合适量 PPA 改性剂代替 4%SBS 方案在理论上可行。同时兼顾经济性考虑，故 SBS 改性剂掺量优选为 2%。

(2)PPA 复合 2%SBS 改性沥青三大指标变化率幅度随 PPA 掺量的增加呈增大趋势，但在 PPA 掺量为 0.5%～1.0%时，三大指标变化率出现拐点，软化点增幅变大，而针入度和延度降幅趋于平缓。这可能是因为 PPA 掺量为 0.75%时，PPA 与基质沥青充分发生反应，生成更多的沥青质成分，从而软化点增幅加大，表现出更为优异的高温性能。同时，也说明 PPA 掺量在 0.5%～1.0%的复合改性沥青改性效果较好。

2.4.2　PPA/SBR 复合改性沥青常规性能研究

本次研究选取 2%SBR 与不同掺量(0.25%、0.5%、0.75%、1.0%、1.25%)PPA 进行复合，并对 PPA/SBR 复合改性沥青的常规性能进行测试，主要数据如表 2-7 所示。

分析表 2-7、图 2-14、图 2-15 可知：

(1)PPA/SBR 复合改性沥青的软化点随着 PPA 掺量的增加而增大，针入度和 5 ℃延度随着 PPA 掺量的增加逐渐减小，表明 PPA 的加入使得 SBR 改性沥青变硬，沥青脆性增大，低温效果降低，但高温性能有所改善，且 PPA 掺量越大，改性沥青高低性能影响越显著。分析 PPA 改性沥青，相较于掺加 4%SBR 复合改性剂，采用 2%SBR 和掺量约 0.4% PPA 的复合改性沥青有相同的针入度，而软化点、延度相当。从而说明 2%SBR 复合适量 PPA 改性剂代替 4%SBR 方案在理论上可行。同时兼顾经济性考虑，故 SBR 改性剂掺量推荐为 2%。

表 2-7　不同掺量 PPA 与 SBR 复合后改性沥青的性能试验结果

沥青类型	掺量	软化点/℃	针入度/0.1 mm	5 ℃延度/mm
东海-70#	4%SBR	61.5	56.5	392.7
	2%SBR	54.7	61.4	292.7
	2%SBR+0.25%PPA(110%)	55.4	58.7	228.7
	2%SBR+0.5%PPA(110%)	56.9	55.5	193.0
	2%SBR+0.75%PPA(110%)	58.1	51.1	152.3
	2%SBR+1.0%PPA(110%)	59.5	47.5	129.7
	2%SBR +1.25%PPA(110%)	61.2	43.2	93.0

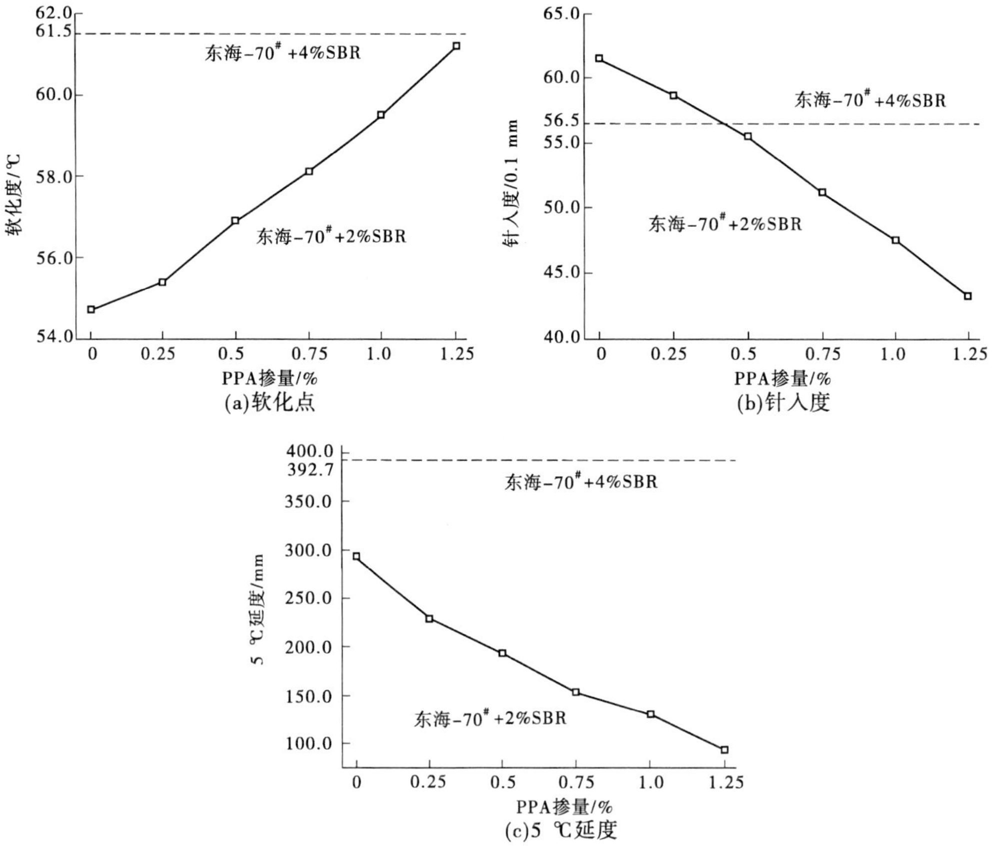

图 2-14　不同掺量 PPA/SBR 改性沥青三大指标试验结果

(2)在 PPA 掺量为 0.5%~1.0%时,三大指标变化率出现转折,延度降幅趋于平缓,低温性能有所改善。表明 SBR 改性剂镶嵌结构具备的韧性特征改善了 PPA 改性沥青的低温性能。同时,也说明 PPA 掺量在 0.5%~1.0%的复合改性沥青改性效果较好。

2.4.3　PPA 单一/复合改性沥青推荐掺量范围

为进一步确定 PPA 单一/复合改性沥青的最佳掺量范围,本次研究通过采用无量纲

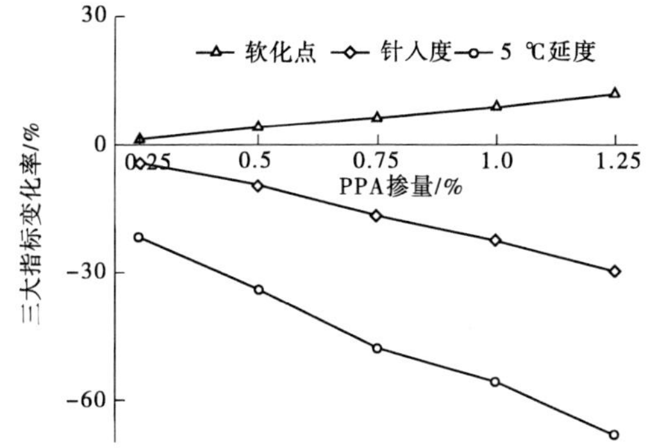

图2-15　不同掺量PPA复合2%SBR改性沥青的三大指标变化率分析结果

和归一化的数学处理方法对上述三大指标试验结果进行处理，计算公式见式(2-1)，处理结果如图2-16~图2-18所示。

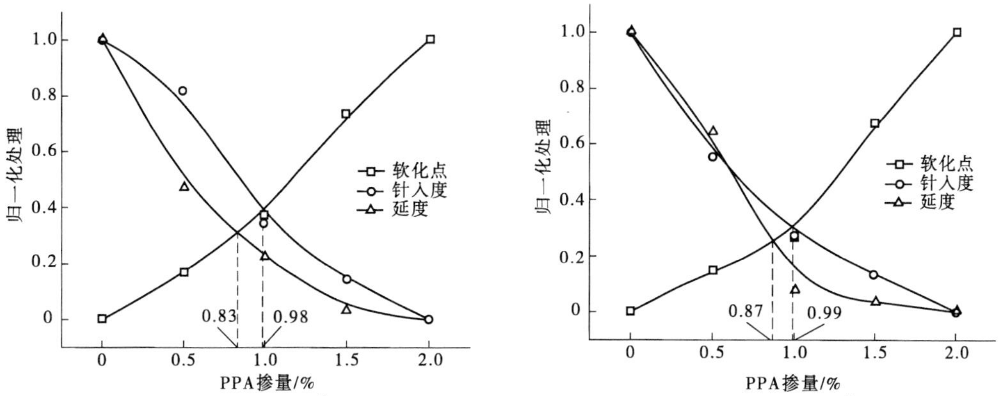

(a)东海-70#　(b)昆仑-90#

图2-16　不同基质沥青的PPA单一改性沥青三大指标归一化处理结果

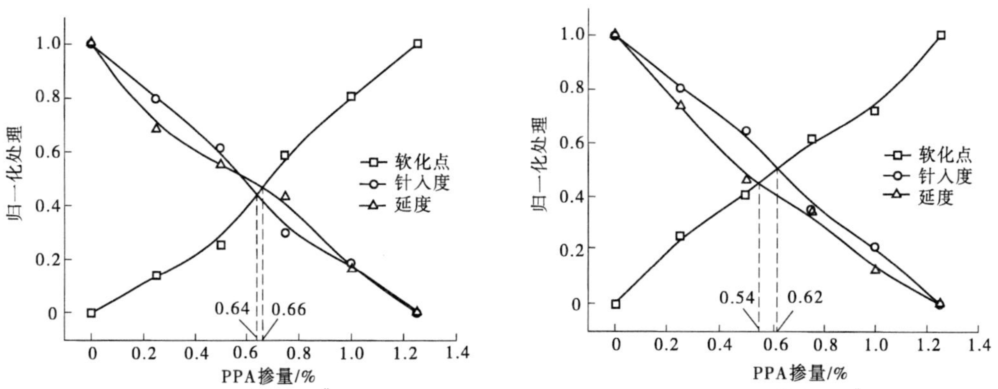

(a)东海-70#　(b)昆仑-90#

图2-17　PPA/SBS复合改性沥青三大指标归一化处理结果

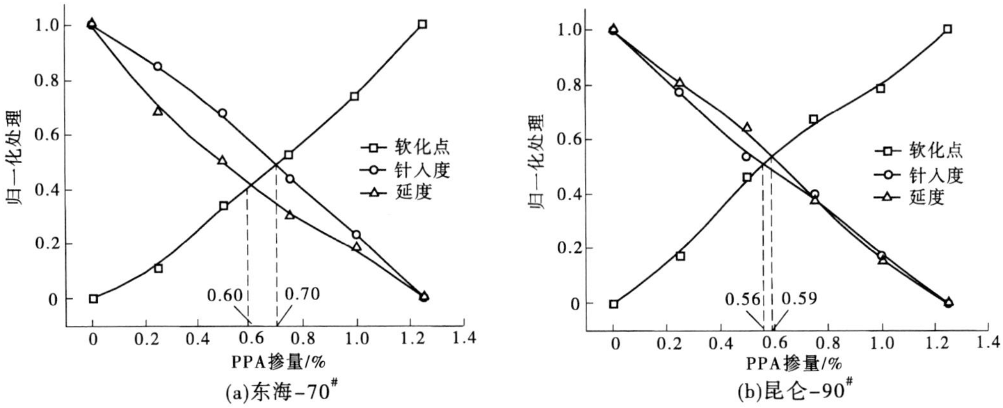

图 2-18　PPA/SBR 复合改性沥青三大指标归一化处理结果

$$X^* = \frac{X - \mathrm{Min}(X)}{\mathrm{Max} - \mathrm{Min}(X)} \tag{2-1}$$

根据图 2-16~图 2-18，推荐东海-70#和昆仑-90#沥青的 PPA 单一改性沥青掺量范围分别为 0.83%~0.98%、0.87%~0.99%；PPA/SBS 复合改性沥青的掺量范围分别为 0.64%~0.66%、0.54%~0.62%；PPA/SBR 复合改性沥青的掺量范围分别为 0.60%~0.70%、0.56%~0.59%。

2.5　小　结

本章采用不同掺量 PPA、不同等级 PPA、不同基质类型、不同聚合物改性剂种类及掺量等方面综合研究 PPA/SBS、PPA/SBR 复合改性沥青基本性能。主要结论如下：

(1)通过分析不同掺量不同等级 PPA 改性沥青三大指标试验结果，发现软化点随 PPA 掺量的增加而增大，针入度和延度随 PPA 掺量的增大而减小，表明 PPA 的加入，明显改善了沥青高温性能，但对低温性能有负面影响；而且 PPA-110 表现出更为优异的改性效果，不同掺量也对三大指标产生不同影响，综合经济性和改性效果。从不同掺量不同等级 PPA 改性沥青三大指标试验分析结果推荐掺量为 0.9%~1.0%的 PPA-110 制备 PPA 单一改性沥青。

(2)通过不同基质沥青 PPA 改性沥青三大指标变化率分析，东海-70#、昆仑-90#两种基质沥青在 PPA 改性沥青改性效果方面更加体现综合性。

(3)通过对 PPA 改性剂复合 SBS 改性剂和 SBR 改性剂，复合改性沥青的软化点相比基质沥青更大，且随着 PPA 掺量的增大而增大，表明聚合物改性剂的加入，能提高 PPA 改性沥青的高温性能；复合改性沥青的针入度和延度均减小，但降幅有所减小，表明 PPA 改性剂在一定条件下能改善低温效果。推荐复合 PPA 掺量在 0.5%~0.7%，SBS、SBR 的推荐掺量为 2%。

第 3 章　多聚磷酸改性沥青流变性能研究

为分析 PPA 改性沥青的流变特性，利用动态剪切流变仪（DSR）开展温度扫描（TS）、频率扫描（FS）、多重应力蠕变恢复（MSCR）等流变性能试验，采用多种评价指标研究 PPA 改性沥青及短期老化后的 PPA 改性沥青高温流变性能，并通过 VTS 法和 GTS 法分析 PPA 改性沥青的温度敏感性能；基于低温弯曲梁流变试验（BBR）来进一步分析 PPA 改性沥青及短期老化后的 PPA 改性沥青低温蠕变性能，并采用 k 指标、基于 Burges 模型的黏性参数 η_1 和低温综合柔量参数 J_c 3 个指标全面评价改性沥青的低温抗裂性能，以期更好地指导 PPA 改性沥青实际工程应用。

3.1　多聚磷酸改性沥青高温性能研究

3.1.1　温度扫描试验分析

SHRP 计划将 DSR 引入道路材料研究领域，采用正弦波荷载模拟车辆荷载的作用，从而得到沥青的动态力学材料参数，更为准确地反映沥青在实际运用中的性能，并提出用 $G^*/\sin\delta$ 来表征沥青抵抗高温车辙变形的能力，$G^*/\sin\delta$ 越大，抗车辙性能越强；用疲劳因子 $G^*\sin\delta$ 表征沥青的抗疲劳性能，$G^*\sin\delta$ 越小，抗疲劳性能越好。其中：G^* 为复数剪切模量，是材料的最大剪切应力与最大剪切应变之比；δ 为相位角，δ 越小表征材料弹性越强，反之黏性越强。

本节采用 DSR 对 PPA 掺量为 0.3%、0.6%、0.9%、1.2%的 PPA、PPA/SBS、PPA/SBR 复合改性沥青进行温度扫描试验。为探究 SBS、SBR 的最佳复合掺量，特选 2%、4%两个掺量分析。考虑到夏季路面温度约为 60 ℃，设置试验温度范围为 58.0~76.0 ℃（温度间隔为 6 ℃），加载频率为 10 rad/s，应变控制水平为 12.00%，平行板直径为 25.0 mm，平行板间距为 1.0 mm。

3.1.1.1　PPA 单一改性沥青

PPA 单一改性沥青数据如表 3-1 所示。

东海-70#/PPA 改性沥青与昆仑-90#/PPA 改性沥青相位角 δ 和 $G^*/\sin\delta$ 试验结果分别见图 3-1、图 3-2。

分析图 3-1、图 3-2 可知：

（1）PPA 改性时，随着温度的增大，东海-70#和昆仑-90#沥青 δ 呈线性增大趋势。同一温度下，随着 PPA 掺量的增大，相位角 δ 的变化幅度不一样，当 PPA 掺量在 0.3%~0.9%时，东海-70#和昆仑-90#改性后沥青的 δ 降幅较小，均在 10%以下；掺量为 1.2%时，两种改性沥青的 δ 值降幅较大，说明高掺量 PPA 改性剂能有效改善沥青的弹性特征，在相同荷载作用下的可恢复变形比例提高，提高高温抗车辙能力。

表 3-1　PPA 单一改性沥青温度扫描试验结果

PPA 掺量/%	温度/℃	G^*/kPa		δ/(°)		($G^*/\sin\delta$)/kPa	
		东海-70#	昆仑-90#	东海-70#	昆仑-90#	东海-70#	昆仑-90#
0	58	2.89	1.80	86.1	86.1	2.90	1.80
	64	1.15	0.73	87.8	87.9	1.15	0.73
	70	0.67	0.37	89.1	89.4	0.67	0.37
	76	0.29	0.20	89.9	89.9	0.29	0.20
0.3	58	3.39	2.03	83.7	83.6	3.41	2.04
	64	1.59	0.84	85.4	85.9	1.60	0.84
	70	0.79	0.44	87.0	87.6	0.79	0.44
	76	0.37	0.26	88.5	89.5	0.37	0.26
0.6	58	4.49	2.42	80.6	82.2	4.55	2.44
	64	1.99	1.10	82.9	84.4	2.01	1.11
	70	1.02	0.53	84.8	86.5	1.02	0.53
	76	0.55	0.30	86.6	88.2	0.55	0.30
0.9	58	5.25	2.94	78.7	80.7	5.35	2.98
	64	2.31	1.31	80.8	83.2	2.34	1.32
	70	1.19	0.65	82.8	85.3	1.20	0.65
	76	0.56	0.36	85.1	87.1	0.56	0.36
1.2	58	6.00	5.34	74.5	74.4	6.23	5.54
	64	2.93	2.60	76.8	77.3	3.01	2.67
	70	1.37	1.16	79.5	80.5	1.39	1.18
	76	0.71	0.63	81.4	83.3	0.72	0.63

(2)同一温度下,PPA 改性后的东海-70#和昆仑-90#沥青的 $G^*/\sin\delta$ 随掺量的增大而增大,表明高温性能逐渐增强。PPA 掺量在 0.9%～1.2%时,改性后昆仑-90#沥青的 $G^*/\sin\delta$ 值增幅较大,表明对于昆仑-90#沥青而言,PPA 推荐掺量在 0.9%～1.2%;针对 PPA 改性后的东海-70#沥青,$G^*/\sin\delta$ 值增幅接近,表明 PPA 推荐掺量在 0.6%～1.2%。

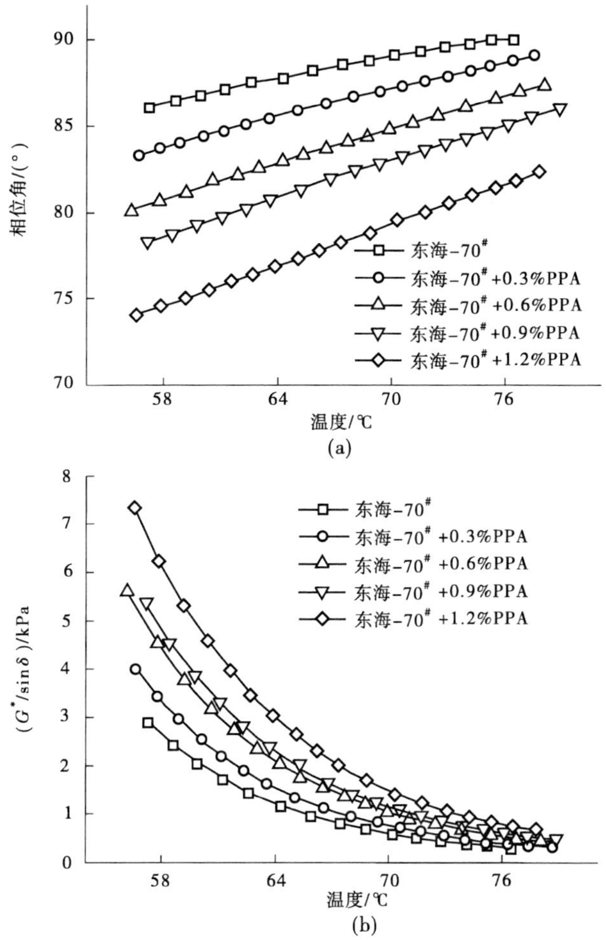

图 3-1　东海-70#/PPA 改性沥青相位角 δ 和 $G^*/\sin\delta$ 试验结果

为定量分析 PPA 掺量对基质沥青高温性能的影响,以试验温度 64 ℃为例,PPA 改性后东海-70#和昆仑-90#沥青 $G^*/\sin\delta$ 增幅分别为 39.1%、74.8%、103.5%、161.7%和 15.1%、52.1%、80.8%、265.8%。由此说明,PPA 能显著提升沥青的高温稳定性,改性后沥青抗剪切变形能力提升。在其他条件相同的情况下,PPA 改性后的东海-70#沥青 $G^*/\sin\delta$ 值大于昆仑-90#沥青 $G^*/\sin\delta$ 值,表明 PPA 对东海-70#沥青的改性效果更好,高温性能提升更为明显。这是因为昆仑-90#沥青本身所含沥青质含量较少,轻质组分含量较多;沥青质含量增多,在宏观上表现为沥青高温性能提升,这也印证了后续章节对 PPA/东海-70#沥青和 PPA/昆仑-90#沥青的四组分分析结论:PPA 加入沥青中,东海-70#沥青质含量增加的幅度比昆仑-90#沥青的大。

3.1.1.2　PPA 复合改性沥青

PPA 复合改性沥青数据如表 3-2、表 3-3 所示。

PPA/SBS 复合改性沥青与 PPA/SBR 复合改性沥青不同温度下的 $G^*/\sin\delta$ 和相位角 δ 试验结果见图 3-3、图 3-4。

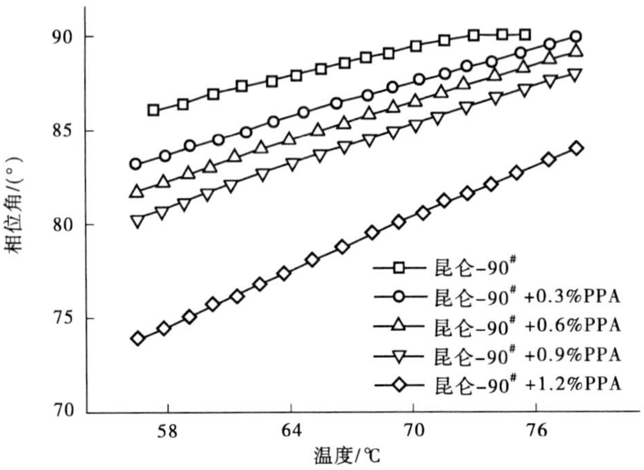

(a)

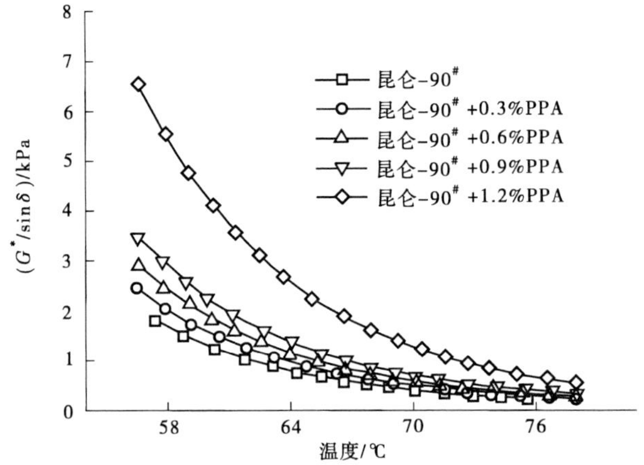

(b)

图 3-2　昆仑-90#/PPA 改性沥青相位角 δ 和 $G^*/\sin\delta$ 试验结果

表 3-2　PPA/SBS 复合改性沥青温度扫描试验结果

PPA 掺量/%	SBS 掺量/%	温度/℃	G^*/kPa		δ/(°)		($G^*/\sin\delta$)/kPa	
			东海-70#	昆仑-90#	东海-70#	昆仑-90#	东海-70#	昆仑-90#
0	4	58	6.56	4.16	74.2	83.8	6.82	4.18
		64	3.01	1.84	76.0	86.1	3.10	1.84
		70	1.62	0.82	78.0	87.6	1.66	0.82
		76	0.88	0.42	79.9	88.3	0.89	0.42
0	2	58	6.65	3.24	80.8	84.7	6.74	3.25
		64	2.92	1.39	83.3	86.6	2.94	1.39
		70	1.49	0.66	85.2	87.8	1.50	0.66
		76	0.69	0.34	86.6	88.4	0.69	0.34

续表 3-2

PPA 掺量/%	SBS 掺量/%	温度/℃	G^*/kPa		δ/(°)		(G^*/sinδ)/kPa	
			东海-70#	昆仑-90#	东海-70#	昆仑-90#	东海-70#	昆仑-90#
0.3	2	58	7.66	3.77	77.2	83.6	7.86	3.79
		64	3.89	1.63	80.0	85.8	3.95	1.63
		70	1.95	0.77	82.5	87.4	1.97	0.77
		76	0.98	0.38	84.6	88.4	0.98	0.38
0.6	2	58	9.23	4.64	73.1	82.3	9.65	4.68
		64	4.52	2.02	76.1	84.8	4.66	2.03
		70	2.24	0.95	78.8	86.5	2.28	0.95
		76	1.22	0.47	80.9	87.6	1.24	0.47
0.9	2	58	12.25	7.89	69.6	76.4	13.07	8.12
		64	5.95	3.55	72.6	80.1	6.24	3.60
		70	3.12	1.65	75.5	83.1	3.22	1.66
		76	1.64	0.80	78.2	85.3	1.68	0.80

表 3-3　PPA/SBR 改性沥青温度扫描试验结果

PPA 掺量/%	SBR 掺量/%	温度/℃	G^*/kPa		δ/(°)		(G^*/sinδ)/kPa	
			东海-70#	昆仑-90#	东海-70#	昆仑-90#	东海-70#	昆仑-90#
0	4	58	6.74	4.32	79.5	82.4	6.85	4.36
		64	3.32	1.94	81.0	84.0	3.36	1.95
		70	1.57	0.88	82.6	85.7	1.58	0.88
		76	0.84	0.46	84.0	86.8	0.84	0.46
0	2	58	5.23	2.75	82.8	84.5	5.27	2.76
		64	2.33	1.33	84.2	85.8	2.34	1.33
		70	1.10	0.63	85.6	86.8	1.10	0.63
		76	0.59	0.33	86.5	87.3	0.59	0.33
0.3	2	58	6.28	2.97	80.0	84.1	6.38	2.99
		64	2.87	1.42	81.7	85.7	2.90	1.42
		70	1.44	0.65	83.3	87.0	1.45	0.65
		76	0.69	0.34	85.0	87.8	0.69	0.34

续表 3-3

PPA 掺量/%	SBR 掺量/%	温度/ ℃	G^*/kPa		δ/(°)		(G^*/sinδ)/kPa	
			东海-70#	昆仑-90#	东海-70#	昆仑-90#	东海-70#	昆仑-90#
0.6	2	58	7.72	6.82	76.4	77.3	7.94	6.99
		64	3.79	3.05	78.1	80.2	3.87	3.10
		70	1.87	1.37	79.9	82.9	1.90	1.38
		76	0.96	0.70	81.8	85.0	0.97	0.70
0.9	2	58	8.53	6.98	74.9	77.4	8.84	7.15
		64	4.20	3.13	76.7	80.1	4.32	3.18
		70	2.06	1.39	78.8	82.6	2.10	1.40
		76	1.06	0.70	80.7	84.6	1.07	0.70

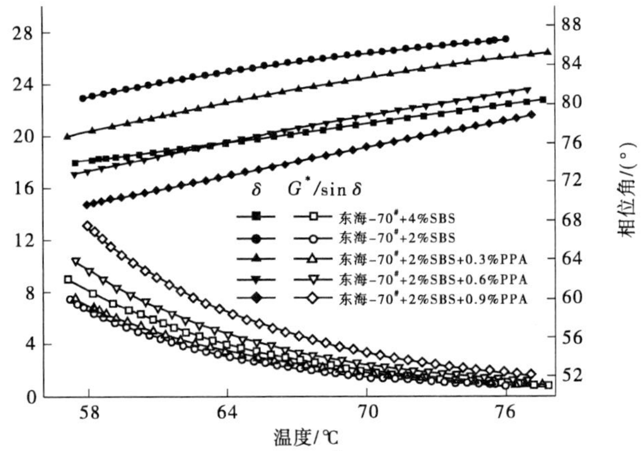

(a)东海-70#/SBS

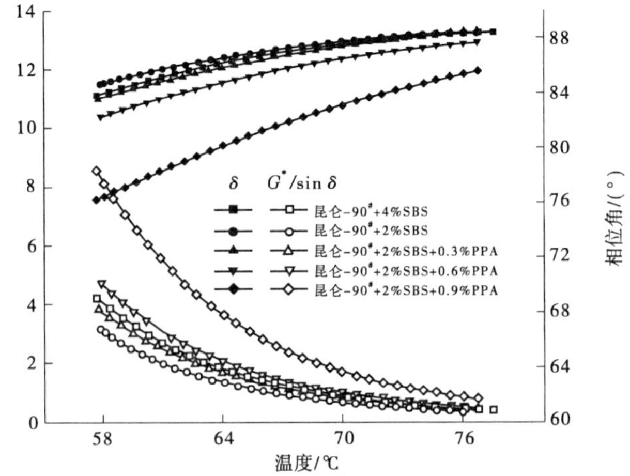

(b)昆仑-90#/SBS

图 3-3 PPA/SBS 复合改性沥青不同温度下的 G^*/sinδ 和相位角 δ 试验结果

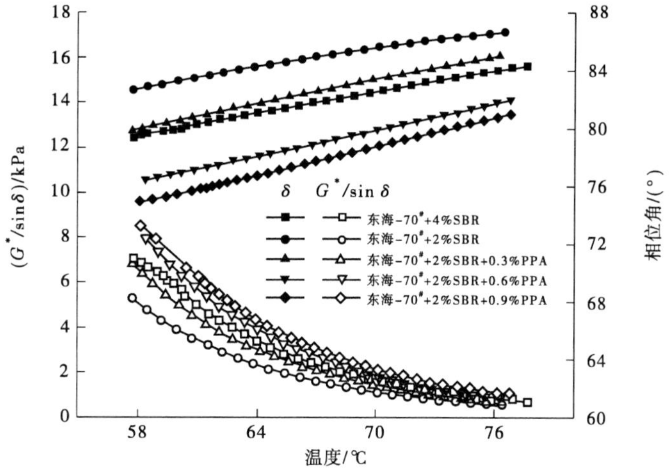

(a)东海-70#/SBR

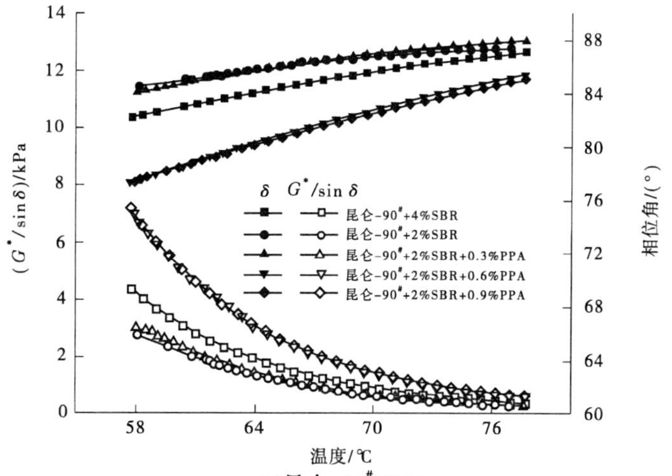

(b)昆仑-90#/SBR

图 3-4　PPA/SBR 复合改性沥青不同温度下的 $G^*/\sin\delta$ 和相位角 δ 试验结果

分析图 3-3、图 3-4 可知：

(1)随着温度的增高，东海-70#、昆仑-90#和 PPA/SBS、PPA/SBR 复合改性沥青的 $G^*/\sin\delta$ 呈指数递减，相位角 δ 呈线性增大，主要是因为温度增大，沥青分子作用力减小，弹性成分增多，高温抗车辙能力增强。

(2)当基质沥青种类相同时，同一温度条件下，PPA/SBS 和 PPA/SBR 复合改性沥青 δ 随 PPA 掺量的增大而减小，呈负相关，表明相同沥青相同温度下，高掺量 PPA 有利于沥青的弹性状态，提高在相同荷载作用下的可恢复变形比例，从而提高高温抗车辙能力；随着 PPA 掺量的增加，东海-70#改性沥青相位角 δ 的变化幅度均衡，而昆仑-90#改性沥青相位角 δ 出现断层，0.6%PPA 与 0.9%PPA 改性效果相当，表明 PPA 对东海-70#沥青改性效果更优。另外，对于东海-70#沥青，2%SBS+0.6%PPA、2%SBR+0.6%PPA 复合改性沥青的相位角与 4%SBR 改性沥青的相位角相近或更小；对于昆仑-90#沥青，2%SBS+0.6%PPA、

2%SBR+0.6%PPA 沥青的相位角要小于 4%SBR,表明 2%SBS、2%SBR+0.6%PPA 的复合组合抗车辙能力相当或更优于 4%SBS。

(3) 对于同一种基质沥青,同一温度下,PPA/SBS 和 PPA/SBR 复合改性沥青的 $G^*/\sin\delta$ 随着 PPA 掺量的增大而增大,具有一定的正相关性,增强了其抗剪切能力,提高了沥青高温性能。当 PPA 掺量超过 0.6%时,2%SBS 复合改性沥青的 $G^*/\sin\delta$ 值大于 4%SBS,表明在沥青高温性能方面,PPA 的加入可以减小部分聚合物改性剂的掺量。而且相比较而言,PPA 掺量越高,PPA/SBR 改性剂对沥青的改性效果更好,高温性能提升率越大。

3.1.1.3　RTFOT 老化后 PPA 单一改性沥青

PPA 单一改性沥青 RTFOT 老化后数据如表 3-4 所示。

表 3-4　RTFOT 老化后 PPA 单一改性沥青温度扫描试验结果

PPA 掺量/%	温度/℃	G^*/kPa		δ/(°)		$(G^*/\sin\delta)$/kPa	
		东海-70#	昆仑-90#	东海-70#	昆仑-90#	东海-70#	昆仑-90#
0.3	58	5.37	3.89	81.7	84.6	5.43	3.91
	64	2.55	1.71	83.4	86.4	2.57	1.71
	70	1.14	0.76	84.9	87.8	1.14	0.76
	76	0.58	0.38	86.3	88.7	0.58	0.38
0.6	58	6.11	4.39	79.6	83.2	6.21	4.42
	64	3.01	1.99	81.6	85.2	3.04	2.00
	70	1.36	0.86	83.5	87.0	1.37	0.86
	76	0.70	0.43	85.3	88.2	0.70	0.43
0.9	58	6.68	5.25	77.4	80.7	6.84	5.32
	64	3.30	2.50	79.5	83.0	3.36	2.52
	70	1.50	1.24	81.8	85.1	1.52	1.24
	76	0.77	0.57	83.5	86.7	0.77	0.57
1.2	58	7.99	6.43	74.2	78.6	8.30	6.56
	64	4.07	2.78	75.7	81.6	4.20	2.81
	70	1.98	1.38	78.0	84.0	2.02	1.39
	76	1.04	0.64	80.1	85.7	1.06	0.64

RTFOT 老化后 PPA 单一改性沥青不同温度下的 $G^*/\sin\delta$ 和相位角 δ 及 $G^*\sin\delta$ 试验结果见图 3-5、图 3-6。

分析图 3-5、图 3-6 可知:

经过 RTFOT 老化后,随着 PPA 掺量的增大,δ 逐渐降低,$G^*/\sin\delta$ 明显提升,表明老化后沥青变硬,黏性成分降低,弹性成分升高;对于同一种沥青,随着温度的升高,$G^*/\sin\delta$ 会逐渐降低;考虑到大部分地区夏季路面温度约为 60 ℃,特取试验温度 64 ℃分析,分析表 3-5 可知,$G^*/\sin\delta$ 增长率在 PPA 掺量为 0.3%时最大,随 PPA 掺量的增大,G^* 增幅呈降低趋势。

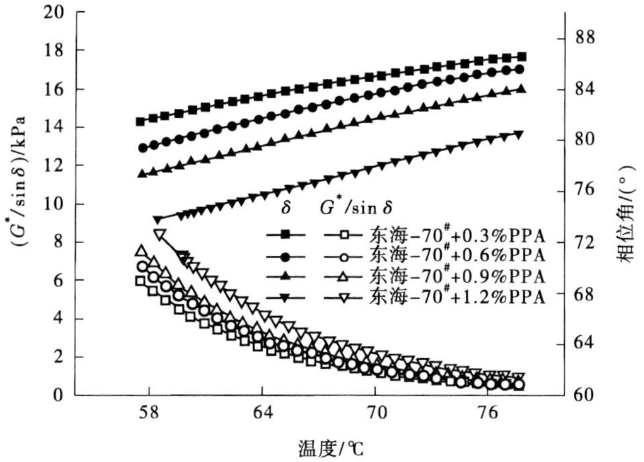

(a)东海-70#

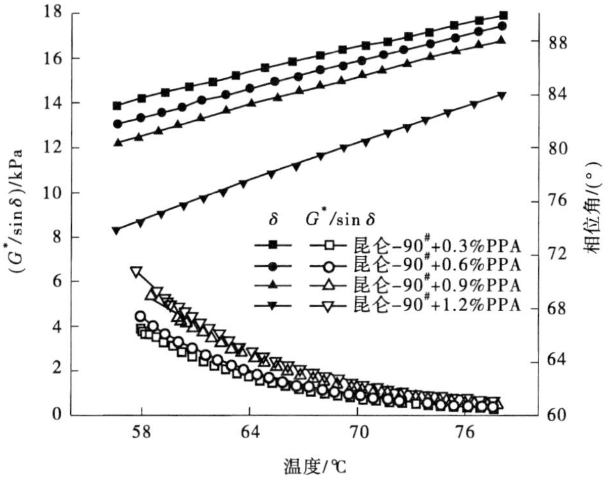

(b)昆仑-90#

图 3-5　RTFOT 老化后 PPA 单一改性沥青不同温度下的 $G^*/\sin\delta$ 和相位角 δ 试验结果

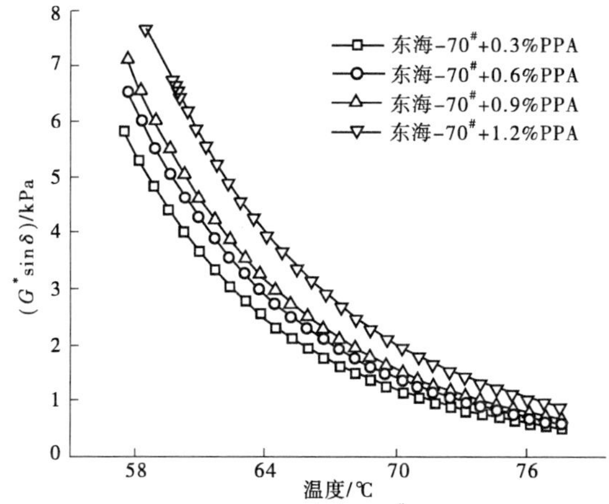

(a)东海-70#

图 3-6　RTFOT 老化后 PPA 单一改性沥青不同温度下的 $G^*\sin\delta$ 试验结果

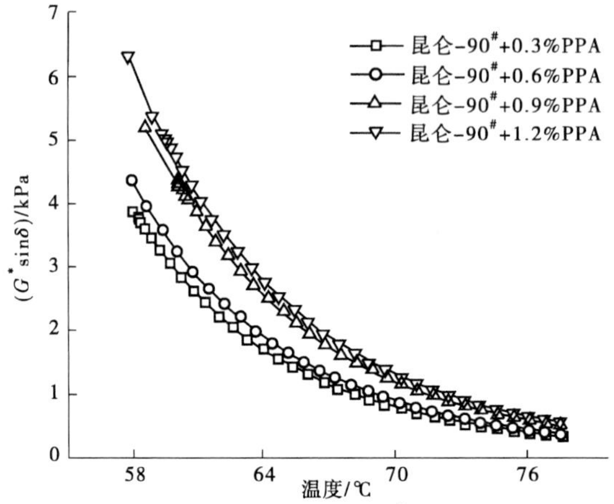

(b)昆仑-90#

续图 3-6

表 3-5 RTFOT 老化前后 PPA 单一改性沥青 $G^*/\sin\delta$ 变化率

沥青种类	PPA 掺量/%	$(G^*/\sin\delta)$/kPa		变化率/%
		原样	RTFOT	
东海-70#	0.3	1.60	2.57	60.6
	0.6	2.01	3.04	51.2
	0.9	2.34	3.36	43.6
	1.2	3.01	4.20	39.5
昆仑-90#	0.3	0.84	1.71	103.6
	0.6	1.11	2.00	80.2
	0.9	1.32	2.52	90.9
	1.2	2.67	2.81	5.2

3.1.1.4 RTFOT 老化后 PPA 复合改性沥青

PPA 复合改性沥青 RTFOT 老化后数据如表 3-6、表 3-7 所示。

RTFOT 老化后 PPA 复合改性沥青不同温度下的 $G^*/\sin\delta$ 和相位角 δ 试验结果见图 3-7。

分析图 3-7 可知：

(1)随着试验温度的升高，老化前后的 PPA 复合改性沥青 δ 不断升高，表明高温条件下，沥青呈现出更为明显的黏性特性。相同条件下，老化后的 δ 要比原沥青更低，表明老化后沥青变硬，黏性成分降低，弹性成分增多。以试验温度 64 ℃为例，对于东海-70#沥青，老化前 2%SBS+0.6%PPA 沥青的 δ 与 4%SBS 改性沥青相当，老化后 4%SBS 改性沥青的 δ 要小于 2%SBS+0.6%PPA 沥青，在昆仑-90#沥青中也呈现相同规律，表明经老化后 PPA 改性剂对沥青 δ 值的影响减小。

表 3-6　RTFOT 老化后 PPA/SBS 复合改性沥青温度扫描试验结果

PPA 掺量/%	SBS 掺量/%	温度/℃	G^*/kPa		δ/(°)		(G^*/sinδ)/kPa	
			东海-70#	昆仑-90#	东海-70#	昆仑-90#	东海-70#	昆仑-90#
0	4	58	4.78	6.43	57.6	76.2	5.66	6.62
		64	3.13	2.83	63.1	77.9	3.51	2.89
		70	1.70	1.38	70.0	79.2	1.81	1.40
		76	1.00	0.76	75.0	81.6	1.04	0.77
0	2	58	6.76	6.82	80.8	80.9	6.85	6.91
		64	3.14	2.81	83.3	83.9	3.16	2.63
		70	1.47	1.28	85.5	86.0	1.47	1.28
		76	0.75	0.66	87.0	87.4	0.75	0.66
0.3	2	58	11.30	6.37	74.0	80.5	11.76	6.46
		64	4.85	2.68	77.7	83.5	4.96	2.70
		70	2.33	1.24	80.6	85.7	2.36	1.24
		76	1.20	0.65	83.0	87.1	1.21	0.65
0.6	2	58	12.62	6.33	71.1	79.3	13.34	6.44
		64	6.07	2.72	74.2	82.6	6.31	2.74
		70	2.96	1.26	77.2	85.0	3.04	1.26
		76	1.60	0.66	79.8	86.6	1.63	0.66
0.9	2	58	13.7	11.93	68.1	72.1	14.77	12.54
		64	6.95	55.40	70.7	76.2	7.36	57.05
		70	3.50	2.52	73.7	79.9	3.65	2.56
		76	1.93	1.31	76.4	82.6	1.99	1.32

表 3-7　RTFOT 老化后 PPA/SBR 改性沥青温度扫描试验结果

PPA 掺量/%	SBR 掺量/%	温度/℃	G^*/kPa		δ/(°)		(G^*/sinδ)/kPa	
			东海-70#	昆仑-90#	东海-70#	昆仑-90#	东海-70#	昆仑-90#
0	4	58	8.05	8.29	79.3	80.2	8.19	8.41
		64	3.67	3.83	80.8	81.7	3.72	3.87
		70	1.73	1.80	82.5	83.1	1.74	1.81
		76	0.91	0.95	84.0	84.2	0.92	0.95

续表 3-7

PPA 掺量/%	SBR 掺量/%	温度/℃	G^*/kPa		δ/(°)		($G^*/\sin\delta$)/kPa	
			东海-70#	昆仑-90#	东海-70#	昆仑-90#	东海-70#	昆仑-90#
0	2	58	6.15	5.08	81.8	82.0	6.21	5.13
		64	2.67	2.13	83.8	83.9	2.69	2.14
		70	1.27	0.99	85.3	85.5	1.27	0.99
		76	0.68	0.53	86.4	86.5	0.68	0.53
0.3	2	58	7.57	5.67	79.1	80.2	7.71	5.75
		64	3.27	2.41	80.8	82.6	3.31	2.43
		70	1.59	1.16	82.4	84.6	1.60	1.17
		76	0.86	0.63	83.6	86.1	0.87	0.63
0.6	2	58	9.26	8.42	76.2	76.8	9.54	8.65
		64	4.13	3.86	78.06	79.1	4.22	3.93
		70	2.00	1.80	80.2	81.4	2.03	1.82
		76	1.08	0.94	82.0	83.1	1.09	0.95
0.9	2	58	9.99	9.32	74.2	75.6	10.38	9.62
		64	4.86	4.02	76.1	77.7	5.01	4.11
		70	2.35	1.74	78.1	79.8	2.40	1.77
		76	1.27	0.90	80.0	81.5	1.29	0.91

(2)同一温度下，PPA/SBS、PPA/SBR 复合改性沥青的车辙因子增大明显，表明高温性能变好，这是因为沥青老化后，其沥青组分发生了变化，长链重质组分增多，沥青变硬，高温下可变形的量降低。随着 PPA 掺量增大，PPA/SBS、PPA/SBR 复合改性沥青 $G^*/\sin\delta$ 值增大，这表明 PPA 的加入，可改善 SBS、SBR 改性沥青老化后高温性能。

3.1.2　频率扫描试验

沥青路面在使用过程中需要经受不同车辆荷载和车速的作用，对于黏弹性物质而言，当外部荷载频率和温度发生改变时，沥青材料的黏弹性特征和力学状态将发生变化。根据时温等效原理，沥青材料在高温和低频荷载表现出相同的性质，即黏流特性，而在低温和高频荷载作用下则表现出黏弹特性。沥青的黏弹性特征取决于内部的分子链网络及其运动活性，分子链运动活性受材料化学组成与结构、外部温度、应力水平、荷载频率等因素影响，其中温度与应力起主导作用，高温条件下，分子链运动活性提高，材料内部的自由体积增大，宏观表现为材料的蠕变与松弛速率加快，沥青黏度降低；反之，低温条件下分子链运动活性降低，自由体积减小，材料的蠕变与松弛速率下降，沥青黏度提高。

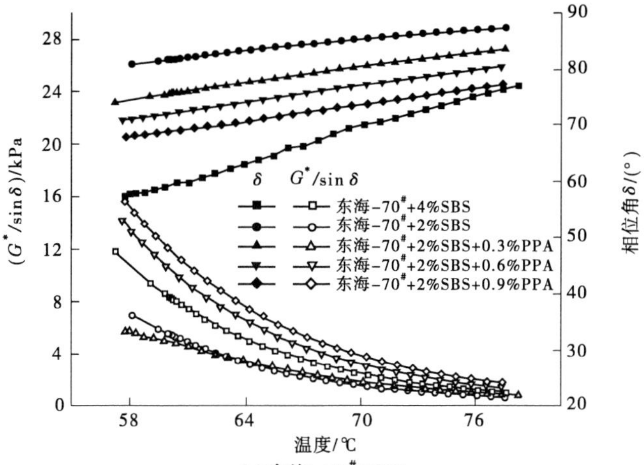

(a)东海-70#/SBS

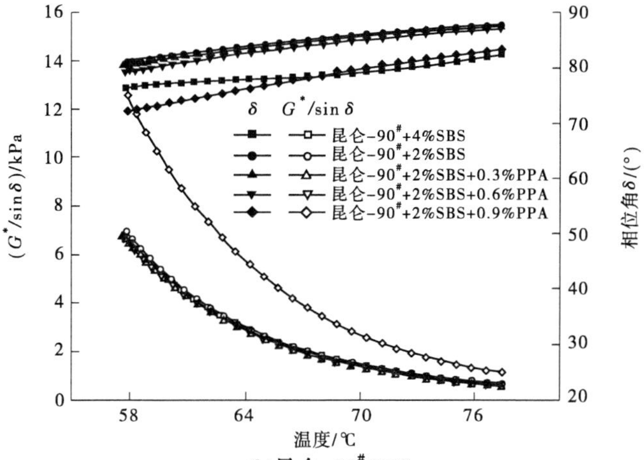

(b)昆仑-90#/SBS

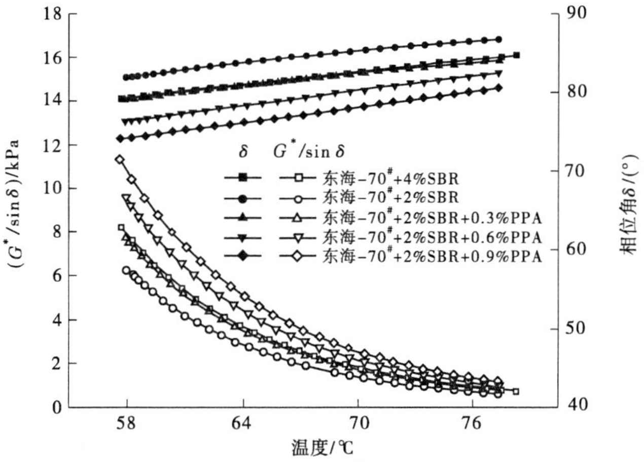

(c)东海-70#/SBR

图 3-7 RTFOT 老化后 PPA 复合改性沥青不同温度下的 $G^*/\sin\delta$ 和相位角 δ 试验结果

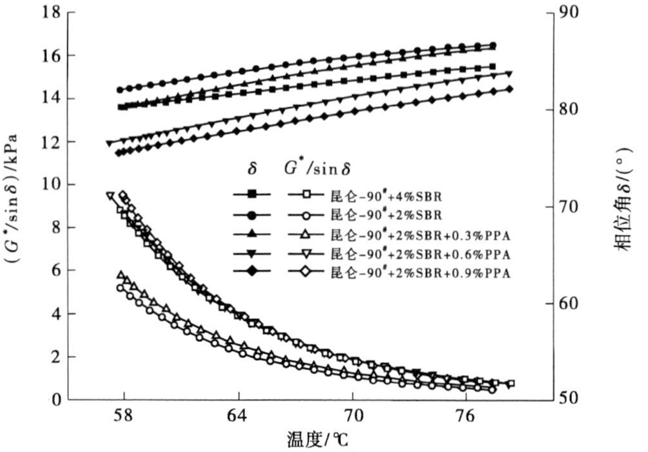

(d)昆仑-90#/SBR

续图 3-7

为了更加准确地反映沥青在实际路面的力学响应，评价其在不同荷载频率下的黏弹性变化，本书采用频率扫描试验对沥青施加不同频率的荷载，计算沥青的复数剪切模量 G^*、储存模量 G'、损失模量 G''。其中，G'代表沥青中可恢复变形的弹性部分，其值为 $G^*\cos\delta$，反映了沥青变形过程中所储存的能量；G''代表沥青中不可恢复的黏性部分，其值为 $G^*\sin\delta$，反映了沥青变形过程中损失的能量。高温时，沥青的 G'越高，其抗车辙能力越好；低温条件下，G''越高则代表其低温流动性就越好。考虑到 8～16 km/h 对应的扫描频率为 0.15 Hz，80～100 km/h 对应的车速为 1.50 Hz，为此本书选择扫描频率范围为 0.1～10 Hz，扫描时试验温度设置为 58 ℃，对应沥青路面使用过程中高温范畴，平行板直径为 25 mm，间距为 1 mm。

3.1.2.1　PPA 单一改性沥青

PPA 单一改性沥青频率扫描数据如表 3-8 所示。

表 3-8　PPA 单一改性沥青频率扫描试验结果

PPA 掺量/%	频率/Hz	东海-70#		昆仑-90#	
		G'/G^*	G''/G^*	G'/G^*	G''/G^*
0	0.1	0.015	1.000	0.017	1.000
	1	0.055	1.000	0.059	0.992
	5.03	0.091	0.995	0.092	0.995
	10	0.102	0.994	0.097	0.991
0.3	0.1	0.029	1.000	0.042	1.000
	1	0.080	0.996	0.104	0.994
	5.03	0.116	0.992	0.149	0.989
	10	0.126	0.987	0.158	0.985

续表 3-8

PPA 掺量/%	频率/Hz	东海-70#		昆仑-90#	
		G'/G^*	G''/G^*	G'/G^*	G''/G^*
0.6	0.1	0.076	0.997	0.058	1.000
	1	0.155	0.987	0.131	0.990
	5.03	0.203	0.984	0.181	0.984
	10	0.216	0.978	0.194	0.986
0.9	0.1	0.106	0.993	0.074	0.996
	1	0.195	0.981	0.157	0.987
	5.03	0.241	0.972	0.209	0.977
	10	0.252	0.969	0.221	0.976
1.2	0.1	0.175	0.984	0.155	0.988
	1	0.267	0.965	0.266	0.966
	5.03	0.302	0.955	0.314	0.953
	10	0.308	0.952	0.321	0.945

PPA 单一改性沥青不同频率下 G'/G^* 和 G''/G^* 比率变化见图 3-8。

分析表 3-8 和图 3-8 可知：

(1)在高温、低频条件下，东海-70#和昆仑-90#沥青的 G''/G^* 值趋近于 1.0，G'/G^* 值趋近于 0，该结果说明，表示黏性的 G'' 占绝对优势，沥青呈黏性状态，在该条件下，沥青容易发生车辙病害；随着荷载频率的增大，G''/G^* 呈下降趋势，而 G'/G^* 随之增长，这表明在高频状态下，沥青中弹性成分增加，反映到实际沥青路面中，即随着车速的增加，沥青的弹性性能增强，变形恢复能力增强。

(2)在同一荷载频率下，东海-70#和昆仑-90#沥青随着 PPA 掺量的增加，G''/G^* 随之下降，而 G'/G^* 呈上升趋势，表明 PPA 的加入使沥青弹性比例增加，即沥青在高温下恢复变形的能力增强。针对东海-70#改性沥青，当 PPA 掺量从 0.3%增加至 0.6%时，G'/G^* 增幅较大，继续增加 PPA 掺量，G'/G^* 值近乎等比例增加，推荐 PPA 掺量为 0.6%～1.2%；对于昆仑-90#沥青，当 PPA 掺量从 0.6%增加至 1.2%，其 G'/G^* 值增长幅度最大，说明该 PPA 掺量对昆仑沥青的改性效果最好，因此推荐掺量范围为 0.9%～1.2%。

(3)为定量分析 PPA 掺量对沥青 G'/G^* 的影响，选取荷载频率 1.0 Hz，随着 PPA 掺量增加，东海-70#和昆仑-90#沥青的 G'/G^* 值分别增加了 45.5%、181.8%、254.5%、385.5%和 76.3%、122.0%、166.1%、350.8%，该数据表明，在高温和低频状态下，PPA 显著改善了沥青中弹性部分所占比例，使沥青的变形恢复能力增强。同时，数据也表明 PPA 对东海-70#的改性效果优于昆仑-90#沥青。

3.1.2.2　PPA **复合改性沥青**

PPA 复合改性沥青数据如表 3-9、表 3-10 所示。

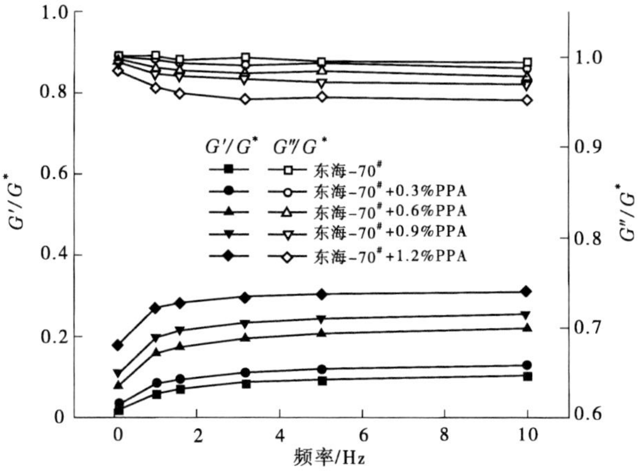

(a)东海-70#

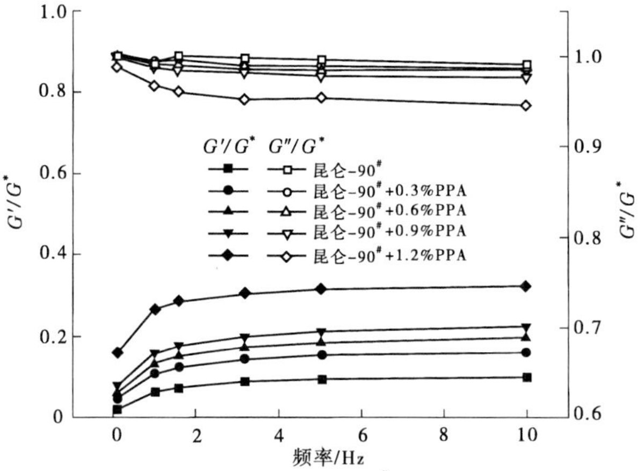

(b)昆仑-90#

图 3-8　PPA 单一改性沥青不同频率下 G'/G^* 和 G''/G^* 比率变化

表 3-9　PPA/SBS 复合改性沥青频率扫描试验结果

PPA 掺量/%	SBS 掺量/%	频率/Hz	东海-70#		昆仑-90#	
			G'/G^*	G''/G^*	G'/G^*	G''/G^*
0	4	0. 1	0. 202	0. 979	0. 030	1. 000
		1	0. 271	0. 963	0. 095	0. 995
		5. 03	0. 291	0. 957	0. 182	0. 983
		10	0. 295	0. 956	0. 226	0. 974
0	2	0. 1	0. 046	0. 999	0. 029	1. 000
		1	0. 130	0. 992	0. 078	0. 997
		5. 03	0. 209	0. 978	0. 142	0. 990
		10	0. 239	0. 971	0. 171	0. 985

续表 3-9

PPA 掺量/%	SBS 掺量/%	频率/Hz	东海-70#		昆仑-90#	
			G'/G^*	G''/G^*	G'/G^*	G''/G^*
0.3	2	0.1	0.109	0.994	0.034	0.999
		1	0.203	0.979	0.095	0.995
		5.03	0.278	0.960	0.163	0.987
		10	0.302	0.953	0.194	0.981
0.6	2	0.1	0.161	0.987	0.040	0.999
		1	0.281	0.960	0.115	0.993
		5.03	0.343	0.940	0.193	0.981
		10	0.352	0.936	0.228	0.974
0.9	2	0.1	0.226	0.974	0.091	0.996
		1	0.331	0.944	0.211	0.978
		5.03	0.376	0.927	0.300	0.954
		10	0.383	0.924	0.327	0.945

表 3-10　PPA/SBR 复合改性沥青频率扫描试验结果

PPA 掺量/%	SBR 掺量/%	频率/Hz	东海-70#		昆仑-90#	
			G'/G^*	G''/G^*	G'/G^*	G''/G^*
0	4	0.1	0.110	0.994	0.064	0.998
		1	0.177	0.984	0.132	0.991
		5.03	0.225	0.974	0.187	0.982
		10	0.242	0.970	0.208	0.978
0	2	0.1	0.053	0.999	0.046	0.999
		1	0.112	0.994	0.092	0.996
		5.03	0.162	0.987	0.137	0.991
		10	0.182	0.983	0.156	0.988
0.3	2	0.1	0.098	0.995	0.053	0.999
		1	0.168	0.986	0.107	0.994
		5.03	0.215	0.977	0.156	0.988
		10	0.232	0.973	0.175	0.985

续表 3-10

PPA 掺量/%	SBR 掺量/%	频率/Hz	东海-70#		昆仑-90#	
			G'/G^*	G''/G^*	G'/G^*	G''/G^*
0.6	2	0.1	0.122	0.993	0.106	0.994
		1	0.205	0.979	0.207	0.978
		5.03	0.251	0.968	0.269	0.963
		10	0.265	0.964	0.287	0.958
0.9	2	0.1	0.201	0.980	0.102	0.995
		1	0.275	0.962	0.204	0.979
		5.03	0.304	0.953	0.269	0.963
		10	0.311	0.950	0.288	0.958

东海-70#PPA 复合改性沥青、昆仑-90#PPA 复合改性沥青 G'/G^* 和 G''/G^* 比率变化见图 3-9、图 3-10。

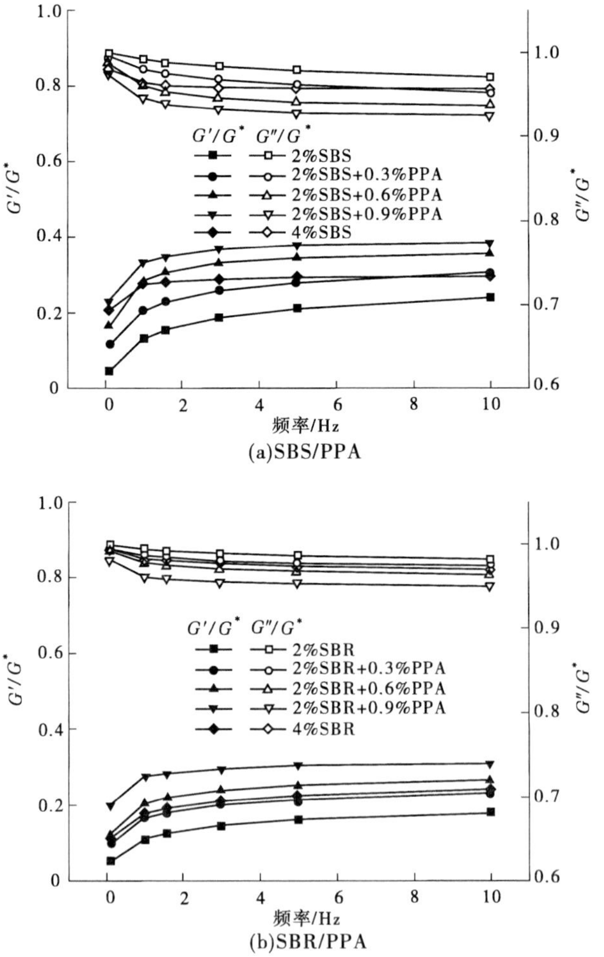

图 3-9　东海-70#PPA 复合改性沥青 G'/G^* 和 G''/G^* 比率变化

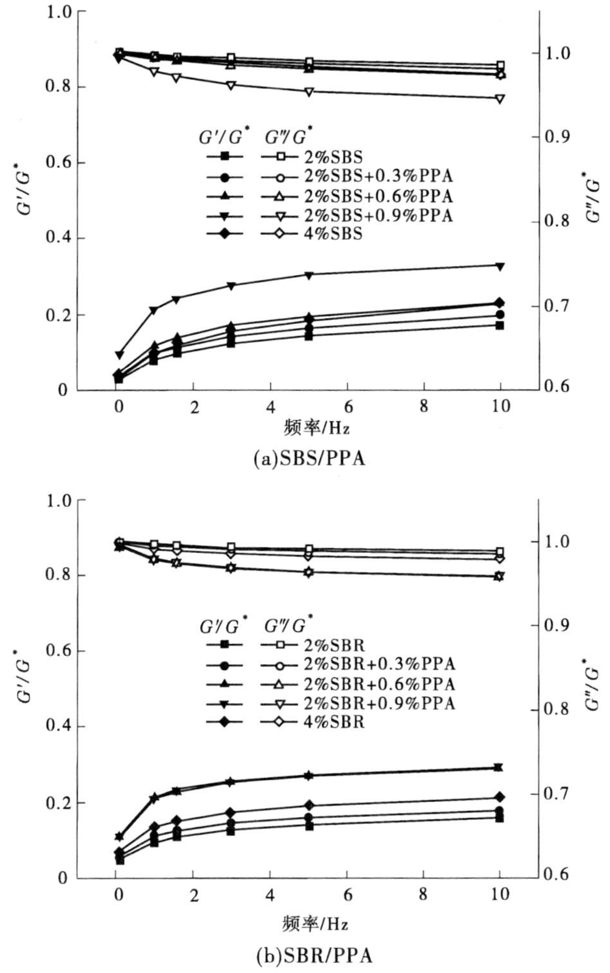

图 3-10　昆仑-90#PPA 复合改性沥青 G'/G^* 和 G''/G^* 比率变化

分析图 3-9、图 3-10 可知：

(1)不论东海-70#沥青还是昆仑-90#沥青，PPA/SBS 和 PPA/SBR 复合改性沥青在高温和低频条件下，沥青呈黏流状态。随着频率的增加，沥青弹性比例逐渐增大，且 PPA/SBS 改性沥青的 G'/G^* 增长幅度大于 PPA/SBR 改性沥青，说明不同改性剂对沥青的黏弹性能有影响，SBS 更能改善沥青的弹性性能。

(2)对于东海-70#复合 PPA/SBS 和 PPA/SBR 改性沥青，随着 PPA 掺量增加，其 G'/G^* 增长幅度均匀，改性效果明显；而对于昆仑-90#复合 PPA/SBS 改性沥青，PPA 掺量在 0.3%~0.6%时，G'/G^* 改性效果不明显，当 PPA 掺量增加至 0.9%，改性幅度有较大提升，对于昆仑-90#复合 PPA/SBR 改性沥青，0.6%PPA 与 0.9%PPA 改性效果相当。

(3)无论东海-70#沥青还是昆仑-90#沥青，4%SBS 和 4%SBR 聚合物改性沥青的 G'/G^* 值均介于复合改性沥青中 PPA 掺量为 0.3%~0.6%，即 2%SBS+0.6%PPA 改性沥青性能与 4%SBS 性能相当，表明适当加入 PPA 可以减少聚合物改性剂的掺量，因此综合考虑，可推荐 PPA 复合改性沥青中 PPA 掺量为 0.6%。

3.1.2.3　RTFOT 老化后 PPA 单一改性沥青

PPA 单一改性沥青 RTFOT 老化后不同频率下 G'/G^* 和 G''/G^* 比率变化如图 3-11 所示。

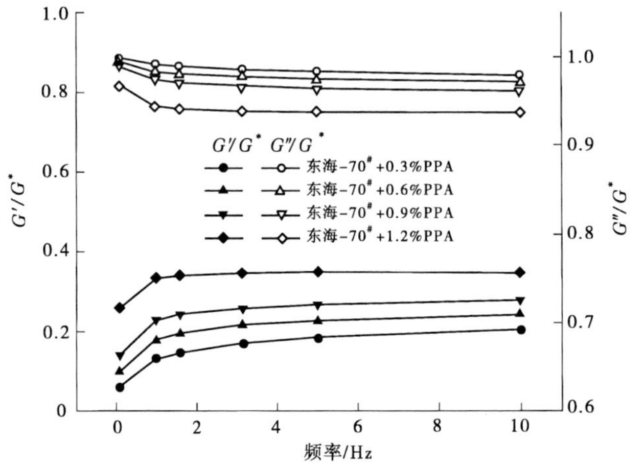

(a)东海-70#

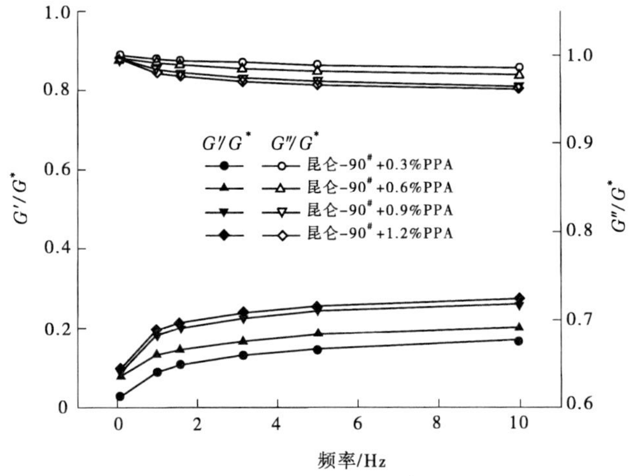

(b)昆仑-90#

图 3-11　PPA 单一改性沥青 RTFOT 老化后不同频率下 G'/G^* 和 G''/G^* 比率变化

分析图 3-11 可知，在同一荷载频率下，经 RTFOT 老化后，东海-70#和昆仑-90#沥青的 G'/G^* 较老化前有明显提升，G''/G^* 有明显降低，该结果表明老化作用使沥青变硬，弹性比例变大，黏性成分降低。为了更加直观地对比老化前后 G'/G^* 的变化情况，特选取荷载频率为 1.0 Hz 的试验数据，计算 G'/G^* 的变化率，分析表 3-11 可知，随着 PPA 掺量的增加，G'/G^* 的变化率呈先减小后增大的趋势，在 PPA 掺量为 0.6%时变化率最小，表明 PPA 能够增强基质沥青的抗老化能力，延缓沥青硬质组分的增加。

3.1.2.4　RTFOT 老化后 PPA 复合改性沥青

PPA 复合改性沥青 RTFOT 老化后不同频率 G'/G^* 和 G''/G^* 比率变化如图 3-12、图 3-13 所示。

表 3-11　RTFOT 老化前后 PPA 单一改性沥青 G'/G^* 变化率

沥青种类	PPA 掺量/%	G'/G^* 原样	G'/G^* RTFOT	变化率/%
东海-70#	0.3	0.080	0.129	61.3
	0.6	0.155	0.176	13.5
	0.9	0.195	0.226	15.9
	1.2	0.267	0.331	24.0
昆仑-90#	0.3	0.104	0.090	13.5
	0.6	0.131	0.130	0.8
	0.9	0.157	0.180	14.6
	1.2	0.266	0.194	27.1

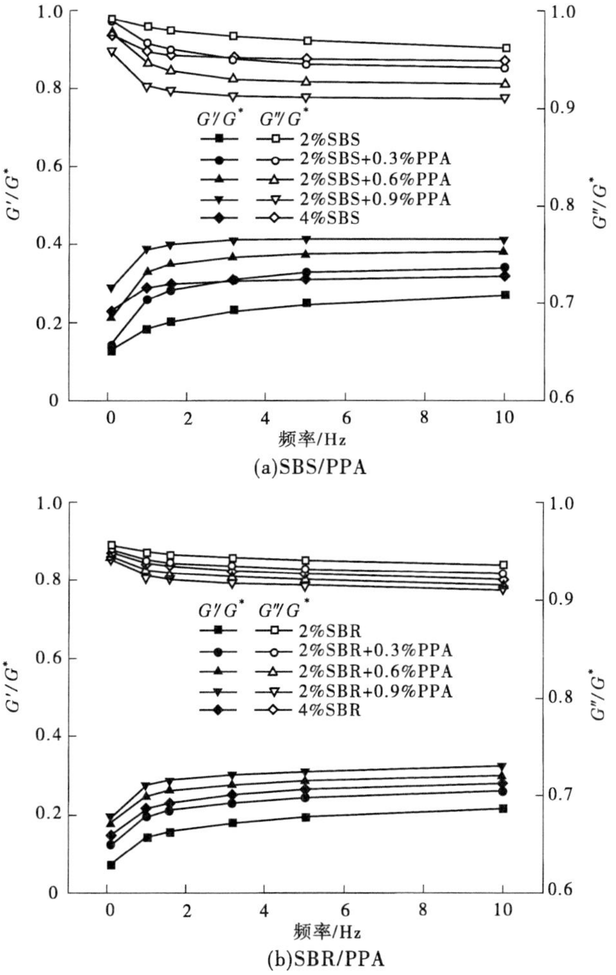

(a)SBS/PPA

(b)SBR/PPA

图 3-12　东海-70#PPA 复合改性沥青 G'/G^* 和 G''/G^* 比率变化

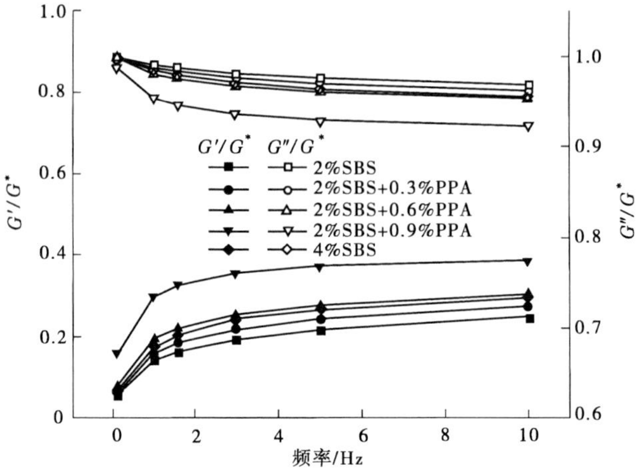

(a)SBS/PPA

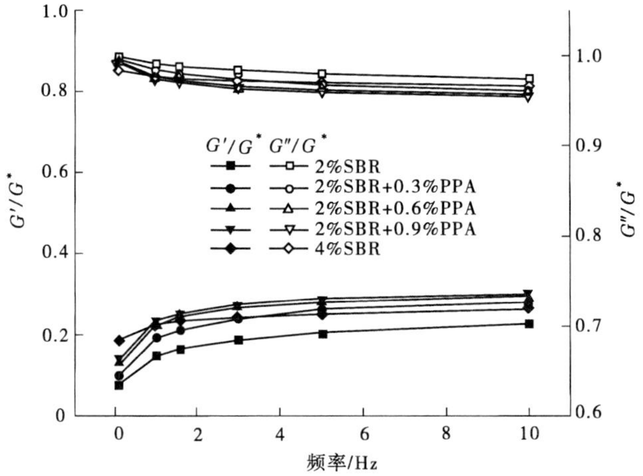

(b)SBR/PPA

图 3-13　昆仑-90#PPA 复合改性沥青 G'/G^* 和 G''/G^* 比率变化

分析图 3-12、图 3-13 可知：

对于两种类型的 PPA 复合改性沥青，随着 PPA 掺量的增加，弹性比例增加，变形恢复能力增强，这与老化前 PPA 复合改性沥青结果相同。在同种频率下对比老化前后的 G'/G^* 和 G''/G^* 值，发现老化后 G'/G^* 进一步提升，G''/G^* 值有所降低，结果表明经老化后，PPA 复合改性沥青的弹性比例有所上升，黏性比例降低。

选取荷载频率为 1.0 Hz 的试验数据，计算 G'/G^* 的变化率，结果见表 3-12。

分析表 3-12 可知：

(1)对于东海-70#沥青，4%SBS 和 4%SBR 改性沥青 G'/G^* 变化率均小于 2%SBS 和 2%SBR 改性沥青，说明增加聚合物改性剂掺量可以降低东海-70#沥青的抗老化性能。而对于昆仑-90#沥青，4%SBS 和 4%SBR 改性沥青 G'/G^* 变化率大于 2%SBS 和 2%SBR 改性沥青，表明增加聚合物改性剂掺量对昆仑-90#沥青的抗老化能力不明显。

表 3-12　RTFOT 老化前后 PPA 复合改性沥青 G'/G^* 变化率

沥青种类	改性剂掺量	G'/G^*		变化率/%
		原样	RTFOT	
东海-70#	4%SBS	0.271	0.288	6.3
	2%SBS	0.130	0.182	40.2
	2%SBS+0.3%PPA	0.203	0.257	27.0
	2%SBS+0.6%PPA	0.281	0.328	16.7
	2%SBS+0.9%PPA	0.331	0.387	16.7
	4%SBR	0.177	0.210	18.6
	2%SBR	0.112	0.137	22.5
	2%SBR+0.3%PPA	0.168	0.192	14.5
	2%SBR+0.6%PPA	0.205	0.242	18.0
	2%SBR+0.9%PPA	0.275	0.270	1.5
昆仑-90#	4%SBS	0.095	0.173	82.7
	2%SBS	0.078	0.140	78.9
	2%SBS+0.3%PPA	0.095	0.160	68.5
	2%SBS+0.6%PPA	0.115	0.193	68.1
	2%SBS+0.9%PPA	0.211	0.299	41.7
	4%SBR	0.132	0.219	66.5
	2%SBR	0.092	0.144	56.5
	2%SBR+0.3%PPA	0.107	0.185	73.4
	2%SBR+0.6%PPA	0.207	0.222	7.2
	2%SBR+0.9%PPA	0.204	0.229	12.2

(2)随着 PPA 掺量的增加,东海-70#和昆仑-90#PPA 复合改性沥青的 G'/G^* 变化率有所差异,但基本都小于所对应的 2%掺量的聚合物单一改性沥青,即 PPA 的掺入能改善 SBS 沥青和 SBR 沥青的抗老化能力,这一结论与 PPA 单一改性沥青一致。

3.1.3　MSCR 试验分析

多重应力蠕变恢复(MSCR)试验采用动态剪切流变仪,以控制应力进行加载,模拟沥青在多种应力条件下的黏弹特性。试验时,首先在 0.1 kPa 应力水平下进行连续 20 个周期的测试,其次在 3.2 kPa 应力水平下测试 10 个周期,每个加载周期时长为 10 s,总计试验时间为 300 s;每个周期选用 1 s 的加载蠕变阶段及 9 s 的卸载恢复阶段;评价指标为弹性恢复率 R 与蠕变柔量 J_{nr},其中弹性恢复率 R 为单次循环过程中可恢复应变与整体蠕变应变的百分比，蠕变柔量 J_{nr} 为单次循环过程中可恢复的应变值与加载应力的比值。

本节采用 DSR 对 PPA 掺量为 0.3%、0.6%、0.9%、1.2%的 PPA、PPA/SBS、PPA/SBR 复合改性沥青进行 MSCR 试验。为探究 SBS、SBR 的最佳复合掺量，特选 2%、4%两个掺量分析。为模拟夏季路面温度高温状况，MSCR 试验温度设置为 60 ℃，平行板直径为 25.0 mm，平行板间距为 1.0 mm。图 3-14 为东海-70# 4%SBS 改性沥青 MSCR 应变曲线，从图中可以看出，加载 1 s 后应变达到峰值，卸载阶段沥青应变逐渐下降，下降部分为沥青可恢复应变，另一部分为不可恢复变形。

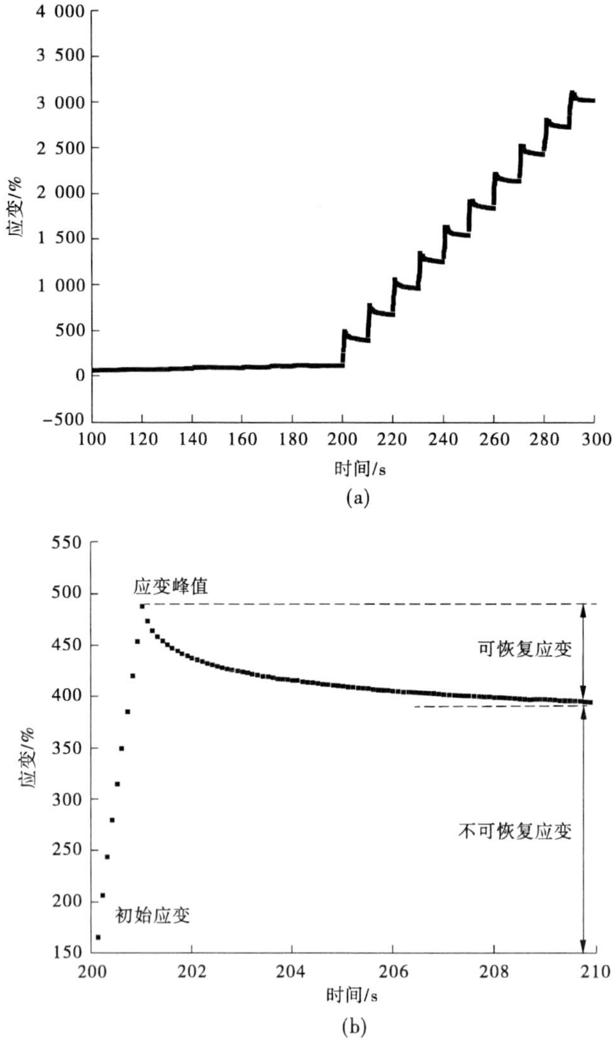

图 3-14　东海-70# 4%SBS 改性沥青 MSCR 应变曲线

3.1.3.1　应变恢复率指标 R 分析

1. PPA 单一改性沥青

表 3-13、图 3-15、图 3-16 为不同掺量的 PPA 单一改性沥青在两种应力水平下的恢复率值 R 与恢复率差值 R_{diff}。

表 3-13　不同应力水平 PPA 单一改性沥青恢复率

沥青类型	PPA 掺量/%	恢复率 $R_{0.1}$/%	恢复率 $R_{3.2}$/%	R_{diff}/%
东海-70#	0	0.79	-1.09	238.12
	0.3	3.66	-0.09	102.45
	0.6	10.78	1.77	83.54
	0.9	16.76	3.59	78.59
	1.2	29.45	9.25	68.58
昆仑-90#	0	0.51	-1.91	474.51
	0.3	5.52	-0.87	115.86
	0.6	6.6	-0.11	101.71
	0.9	8.85	0.55	93.76
	1.2	23.87	5.75	75.9

分析表 3-13、图 3-15、图 3-16 可知：

(1)在同一种应力水平下，随着 PPA 掺量的增加，东海-70#和昆仑-90#沥青的恢复率 R 都有明显提升。因恢复率 R 值表征沥青总应变中可恢复变形所占的比例，R 值越大，表明沥青可恢复变形的比例越高，可恢复变形能力越强。可知在同种应力水平下，PPA 的加入使基质沥青的弹性能力增强，进而使高温抗车辙性能得以提升。其原因在于 PPA 会促使沥青中胶质转化为沥青质，沥青质含量的增大可提高沥青的高温抗变形能力。

(2)东海-70#和昆仑-90#沥青在 PPA 掺量为 0~0.9%时，3.2 kPa 应力作用下恢复率趋向于 0 甚至出现负数。主要是由于应力水平较大、试验温度较高或 PPA 掺量较低引起沥青在短时间内产生较大应变，而在卸载阶段，沥青内部变形非但没有及时恢复，反而出现继续提高的现象，使得恢复率极小甚至小于 0。

(3)对于东海-70#和昆仑-90#沥青，随着 PPA 掺量的增加，恢复率差值 R_{diff} 呈下降趋势。因恢复率差值是沥青恢复率对不同应力的敏感性反应指标，R_{diff} 越小，表明沥青恢复率 R 对应力响应不敏感，即增加荷载对沥青恢复率的影响较小。可知 PPA 的加入可以显著降低沥青恢复率 R 对应力的敏感性，且随着 PPA 掺量增加，敏感性降低幅度增大，当沥青内部产生较大应力时，有利于减缓沥青产生不可恢复变形的趋势。

2. PPA 复合改性沥青

图 3-17 和图 3-18 为不同掺量下 PPA/聚合物复合改性沥青 MSCR 试验的恢复率 R 值和恢复率差值 R_{diff}。

分析图 3-17 和图 3-18 可知：

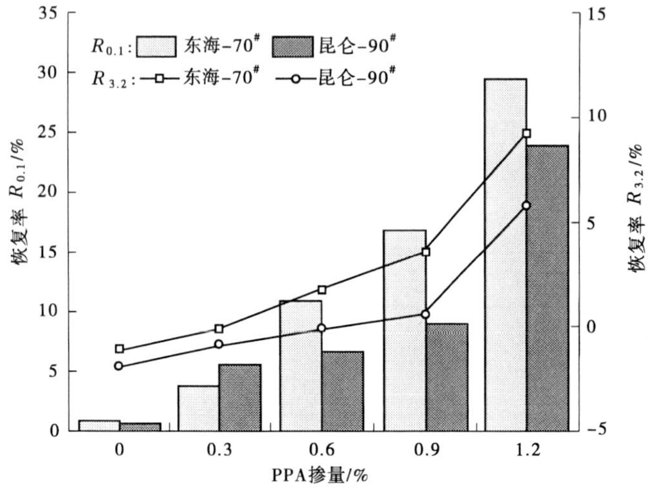

图 3-15　PPA 单一改性沥青恢复 R 值

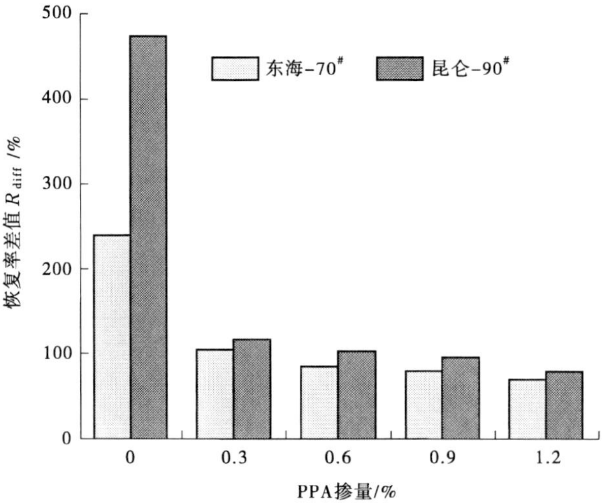

图 3-16　PPA 单一改性沥青恢复率差值 R_{diff}

(1)在同一种应力水平下,与 2%SBS、2%SBR 改性沥青相比,随着 PPA 掺量的增加,东海-70#和昆仑-90#沥青的恢复率 R 均有明显提升。上述结果表明,PPA 的加入使 SBS、SBR 改性沥青的弹性能力增强,进而使高温抗车辙性能得以提升。而且随着 PPA 掺量的增大,PPA/SBS 复合改性沥青的改性效果更加显著。

(2)对于东海-70#改性沥青,PPA 掺量为 0.3%~0.6%时,PPA/SBS、PPA/SBR 复合改性沥青恢复率 R 值逐步提升,其中 PPA/SBS 在 0.6%PPA 提升幅度大,在两种应力水平下较 SBS 单一改性沥青分别提高了 3.68 倍和 8.33 倍;PPA/SBR 在 0.9%PPA 提升幅度大,在两种应力水平下较 SBR 单一改性沥青分别提高了 3.93 倍和 8.14 倍。对于

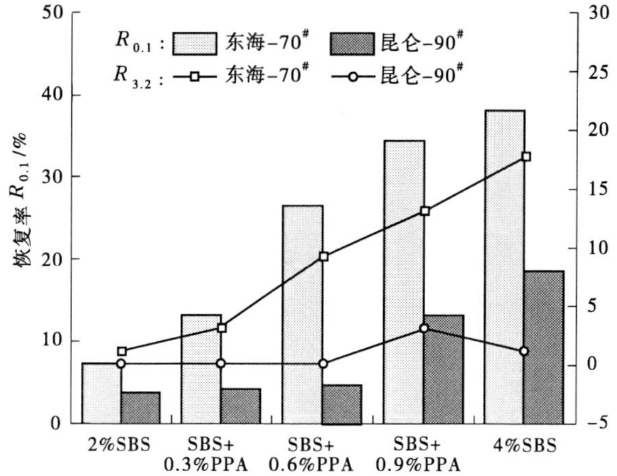

(a)PPA/SBS

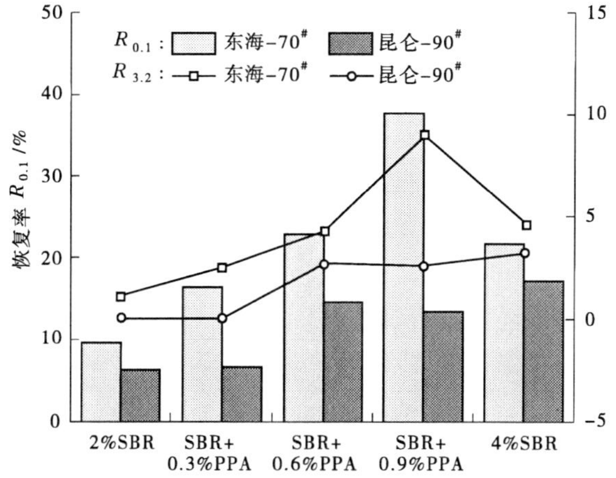

(b)PPA/SBR

图 3-17 PPA 复合改性沥青恢复率 R 值

昆仑-90#沥青,PPA 掺量为 0.3%~0.6%时对恢复率的改善作用不明显,随 PPA 掺量增至 0.9%时恢复率值有所改善。总体而言,东海-70#/SBS、东海-70#/SBR 改性沥青与 PPA 复合可以获得更好的高温抗车辙能力。

(3)对于 PPA 复合改性沥青应力作用下恢复率为 0 的现象,与 PPA 单一改性沥青原因相同。主要由于应力水平较大、试验温度较高或 PPA 掺量较低引起沥青在短时间内产生较大应变,而在卸载阶段,沥青内部变形没有及时恢复。

(4)对于东海-70#/SBS、东海-70#/SBR 改性沥青而言,随着 PPA 掺量的增加,恢复率差值 R_{diff} 逐渐下降,说明 PPA 的加入可以显著降低 SBS、SBR 改性沥青恢复率 R 对应力的敏感性。PPA/SBS 复合改性沥青恢复率差值 R_{diff} 的排序为:4%SBS<2%SBS+0.9%PPA<2%SBS+0.6%PPA<2%SBS+0.3%PPA<2%SBS,PPA/SBR 恢复率差值 R_{diff} 的排序为:2%SBR+0.9%PPA<4%SBR<2%SBR+0.6%PPA<2%SBR+0.3%PPA<2%SBR;当 PPA 掺量增加到 0.9%时,恢复率差值与 PPA 掺量为 0.6%时相近,故对于东海-70#沥青,可选

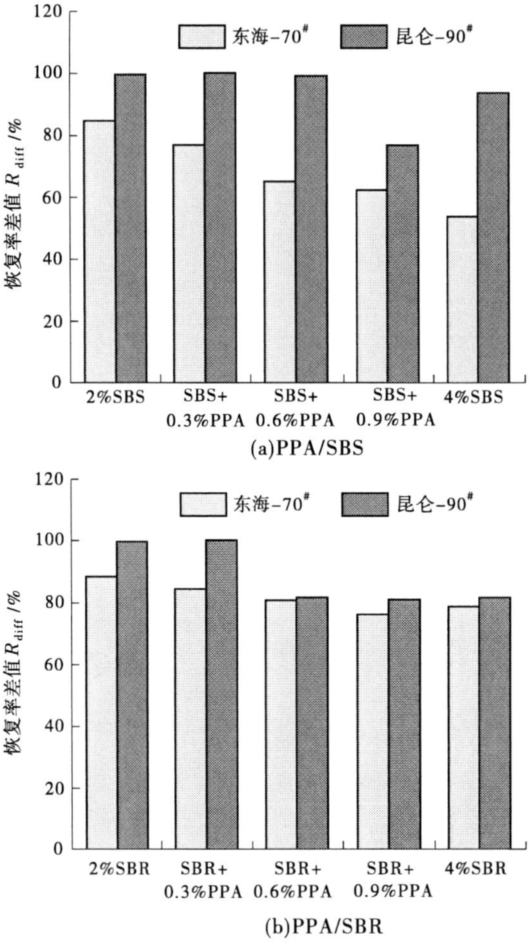

图 3-18　PPA 复合改性沥青恢复率差值 R_{diff}

配 PPA 复合的掺量为 0. 6%。

(5)对于昆仑-90#/SBS 改性沥青而言,由于 3. 2 kPa 下 2%SBS、2%SBR、2%SBS+0. 3%PPA、2%SBR+0. 3%PPA 及 2%SBS+0. 6%PPA 的恢复率 R 值为 0,致使恢复率差值为 100%,表明这几种复合改性沥青的恢复率对高应力水平十分敏感。PPA/SBS 中 PPA 掺量为 0. 9%时 R_{diff} 最低,且低于 4%SBS 改性沥青,表明高掺量 PPA 对昆仑 SBS 改性沥青的改善效果更为显著,而 4%SBS 改性沥青对昆仑沥青的改善效果不好。PPA/SBR 中 PPA 掺量为 0. 6%时的 R_{diff} 值仅比掺量为 0. 9%时高 0. 92%,比 4%SBR/PPA 改性沥青高 0. 21%,该结果表明 2%SBR+0. 6%PPA 对昆仑-90#沥青的改性效果较好,用少量 PPA 替代部分 SBR 仍可取得良好的高温稳定性。

3. 老化后 PPA 单一改性沥青

老化后 PPA 单一改性沥青的 MSCR 试验结果如图 3-19 和图 3-20 所示。

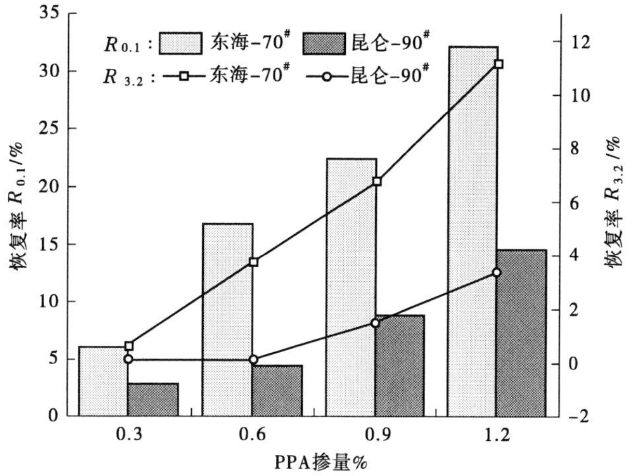

图 3-19　老化后 PPA 单一改性沥青恢复率

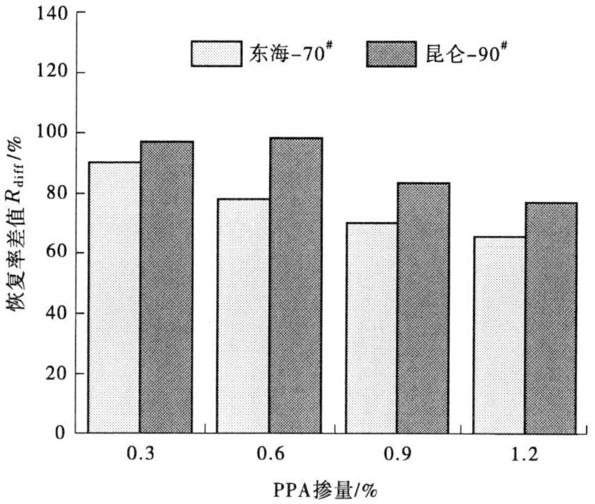

图 3-20　老化后 PPA 单一改性沥青恢复率差值

分析图 3-19 和图 3-20 可知：

(1)如图 3-19 所示，在两种应力水平下，老化后改性沥青恢复率随着 PPA 掺量的增加呈上升趋势，这与老化前试验结果相一致，即增加 PPA 掺量对老化前后沥青的恢复率均有提升作用。与老化前沥青恢复率相比，同种 PPA 掺量下东海-70#和昆仑-90#沥青经老化后恢复率 R 值进一步提升，该结果表明老化后使两种 PPA 单一改性沥青的弹性能力有所提升，进而使高温抗车辙性能得以提高。

(2)如图 3-20 所示，在两种应力水平下，老化后改性沥青恢复率差值 R_{diff} 随着 PPA 掺量的增加呈下降趋势，R_{diff} 表征了沥青恢复率 R 对不同应力的敏感性，R_{diff} 越小，表明沥青恢复率 R 对应力响应不敏感，即增加荷载对沥青恢复率的影响较小。与老化前沥青 R_{diff} 相比，同种 PPA 掺量下东海-70#和昆仑-90#沥青经老化后 R_{diff} 值进一步降低，结果表明老化后两种沥青的恢复率 R 对应力敏感性下降，高温性能有所提升。

4. 老化后 PPA 复合改性沥青

老化后 PPA 复合改性沥青的 MSCR 试验结果如图 3-21、图 3-22 所示。

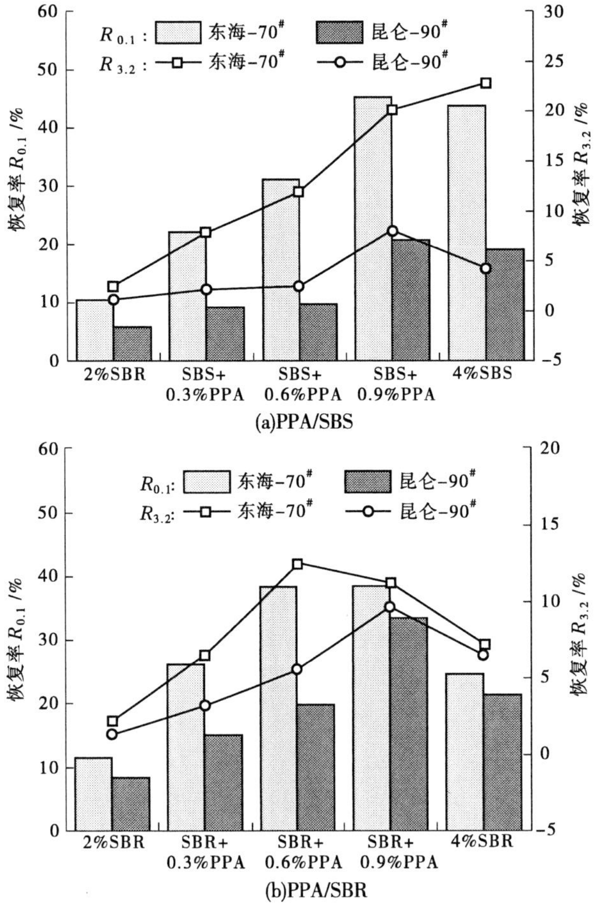

图 3-21　老化后 PPA 复合改性沥青恢复率

分析图 3-21、图 3-22 可知：

（1）如图 3-21 所示，在同一应力水平下，与 2%SBS、2%SBR 单一改性沥青相比，随着 PPA 掺量增加，东海-70#和昆仑 90#沥青的恢复率 R 都有明显提升。对比同种 PPA 掺量下老化前后沥青恢复率 R 值，PPA 复合改性沥青在 0. 1 kPa 和 3. 2 kPa 荷载下的恢复率 R 值，经老化后进一步提升，这表明短期老化作用使两种 SBS 改性沥青的弹性性能有所改善，增加了其变形恢复能力，高温抗车辙性能增强。原因在于老化后沥青重质组分含量增加，使沥青的弹性恢复能力增强。

（2）如图 3-22 所示，在同一应力水平下，与 2%SBS、2%SBR 单一改性沥青相比，随着 PPA 掺量增加，老化后沥青恢复率差值 R_{diff} 呈下降趋势，该结果说明 PPA 的加入可以降低 SBS 改性沥青恢复率 R 对应力的敏感性。东海-70#/SBR 沥青恢复率差值 R_{diff} 先下降

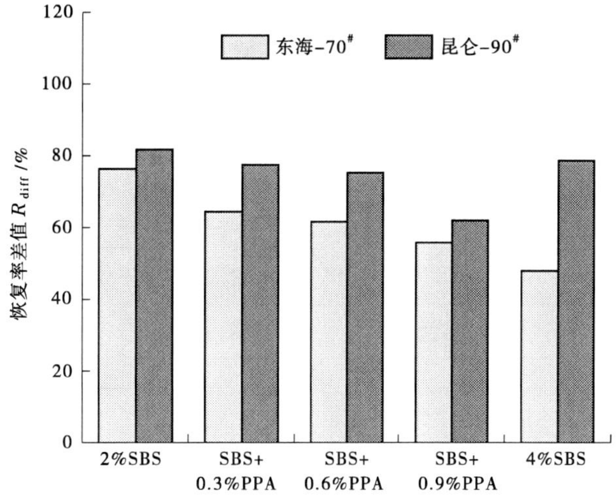

(a)PPA/SBS

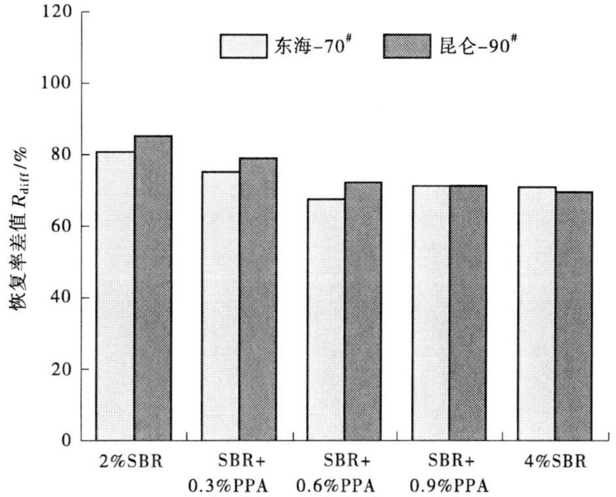

(b)PPA/SBR

图 3-22　老化后 PPA 复合改性沥青恢复率差值

后又上升，在 PPA 掺量为 0.6%时 R_{diff} 值最小，该结果说明 PPA 的加入可以降低 SBR 改性沥青恢复率 R 对应力的敏感性。对比老化前后沥青恢复率差值 R_{diff}，东海-70#和昆仑-90#沥青在同等 PPA 掺量下 R_{diff} 值均低于原样沥青，老化作用减弱了 SBR 改性沥青恢复率 R 对应力的敏感性。

3.1.3.2　不可蠕变柔量指标分析

1. PPA 单一改性沥青

表 3-14 和图 3-23 为不同掺量的 PPA 单一改性沥青在两种应力水平下的蠕变柔量值。

分析表 3-14、图 3-23 可知：

(1)在同一种应力水平下，随着 PPA 掺量的增加，东海-70#和昆仑-90#沥青的蠕变柔量 J_{nr} 都有明显下降。蠕变柔量 J_{nr} 表征沥青在荷载作用下发生的变形，蠕变柔量越低，表明沥青在同等荷载作用下发生的变形越小，抵抗变形能力越强。上述结果表明，PPA 的加入改善了沥青抵抗变形的能力，减少了沥青在高温情况下发生的不可恢复变形，且随着 PPA 掺量增大，改善效果越为显著。

表 3-14　不同应力水平 PPA 单一改性沥青蠕变柔量 J_{nr}

沥青类型	PPA 掺量/%	蠕变柔量 $J_{nr0.1}$/kPa^{-1}	蠕变柔量 $J_{nr3.2}$/kPa^{-1}
东海-70#	0	4.064 6	4.296 7
	0.3	3.006 5	3.384 2
	0.6	1.907 9	2.299 1
	0.9	1.426 0	1.813 8
	1.2	0.844 3	1.187 8
昆仑-90#	0	6.003 3	6.496 5
	0.3	4.226 0	4.983 0
	0.6	3.376 4	4.076 5
	0.9	2.797 1	3.503 1
	1.2	1.139 8	1.640 6

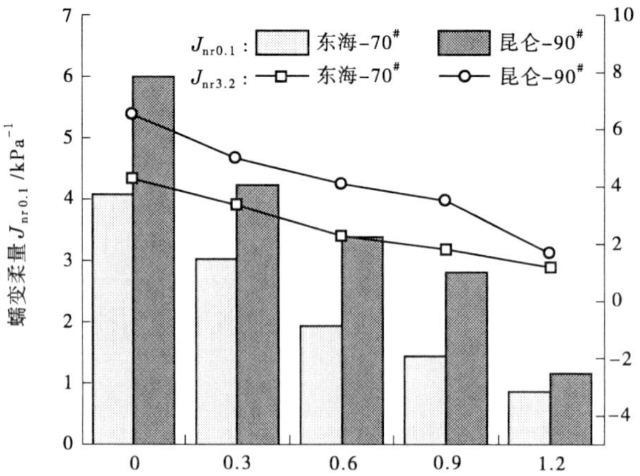

图 3-23　PPA 单一改性沥青蠕变柔量 J_{nr}

(2)对于两种原样沥青,PPA 掺量为 0.3%~0.9%时,两种沥青蠕变柔量 J_{nr} 相差较大,东海-70#沥青蠕变柔量 J_{nr} 值远低于昆仑-90#沥青;当 PPA 掺量达到 1.2%时,昆仑-90#沥青 J_{nr} 值下降速率增大,与东海-70#沥青的蠕变柔量差值减小,说明高掺量 PPA 对昆仑-90#沥青的抗变形能力改善效果更为显著,可能由于 PPA 与昆仑-90#沥青中的轻质组分发生交联反应。总体上看,在相同 PPA 掺量及应力水平下,东海-70#沥青蠕变柔量 J_{nr} 值低于昆仑-90#沥青,表明东海-70#沥青在应力作用下抵抗变形的能力优于昆仑-90#沥青。

2. PPA 复合改性沥青

表 3-15、表 3-16、图 3-24 为不同掺量的 PPA 复合改性沥青在两种应力水平下的蠕变柔量值。

表 3-15　不同应力水平 PPA/SBS 复合改性沥青蠕变柔量 J_{nr}

沥青类型	PPA 掺量	蠕变柔量 $J_{nr0.1}$/kPa^{-1}	蠕变柔量 $J_{nr3.2}$/kPa^{-1}
东海-70#	2%SBS	1.993 2	2.286 1
	2%SBS+0.3%PPA	1.341 6	1.672 7
	2%SBS+0.6%PPA	0.836 1	1.226 4
	2%SBS+0.9%PPA	0.579 8	0.875 2
	4%SBS	0.919 3	1.342 7
昆仑-90#	2%SBS	3.668 4	4.082 5
	2%SBS+0.3%PPA	3.309 9	3.711 7
	2%SBS+0.6%PPA	2.509 9	2.910 1
	2%SBS+0.9%PPA	1.271 1	1.603 8
	4%SBS	1.876 1	2.976 4

分析图 3-24 可知:

(1)不同应力水平下,经过蠕变恢复后,PPA/SBS、PPA/SBR 复合改性沥青的蠕变柔量 J_{nr} 随着 PPA 掺量的增加均呈现减小的趋势,表明 PPA 加入后,沥青在荷载作用下的不可恢复变形减小,其弹性变形部分增强,提高其高温抗变形能力。

(2)不同沥青下蠕变柔量值变化有差异。针对东海-70#沥青,PPA/SBS、PPA/SBR 复合改性沥青的蠕变柔量 J_{nr} 相比变化不大;而昆仑-90#沥青的变化较明显,PPA 掺量在 0.6%~0.9%时,PPA/SBR 蠕变柔量 J_{nr} 比 PPA/SBS 明显减小,表明 PPA/SBR 抵抗高温变形能力强于 PPA/SBS。

表 3-16　不同应力水平 PPA/SBR 改性沥青蠕变柔量 J_{nr}

沥青类型	PPA 掺量	蠕变柔量 $J_{nr0.1}$/kPa^{-1}	蠕变柔量 $J_{nr3.2}$/kPa^{-1}
东海-70#	2%SBR	2. 072 3	2. 548 3
	2%SBR+0. 3%PPA	1. 518 2	2. 102 3
	2%SBR+0. 6%PPA	1. 086 5	1. 579 4
	2%SBR+0. 9%PPA	0. 635 0	1. 147 1
	4%SBR	1. 208 8	1. 727 0
昆仑-90#	2%SBR	3. 585 2	4. 310 0
	2%SBR+0. 3%PPA	3. 496 9	4. 280 0
	2%SBR+0. 6%PPA	1. 438 5	1. 946 5
	2%SBR+0. 9%PPA	1. 378 8	1. 809 9
	4%SBR	1. 485 6	2. 118 4

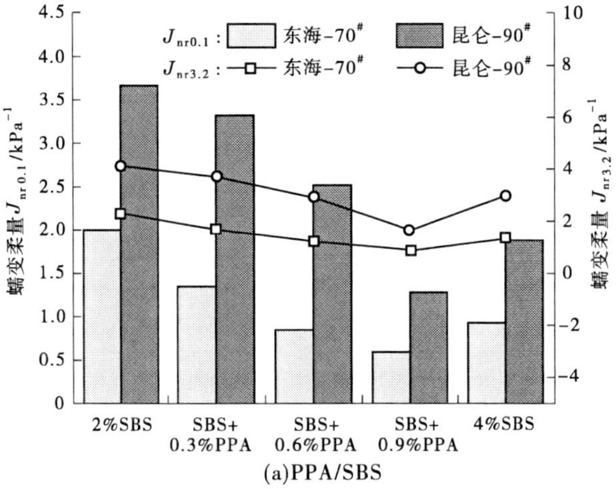

(a)PPA/SBS

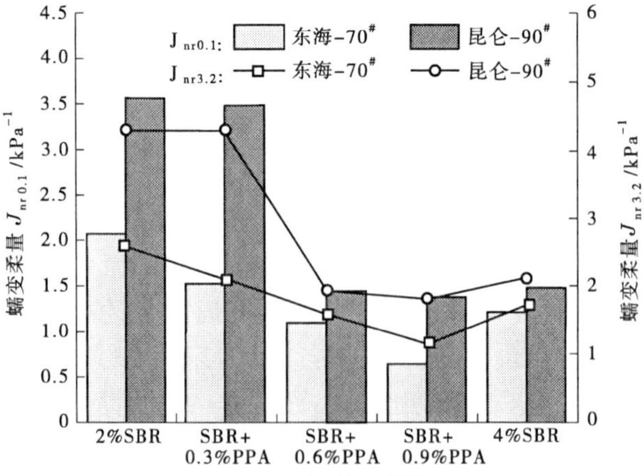

(b)PPA/SBR

图 3-24　PPA 复合改性沥青蠕变柔量 J_{nr}

3. 老化后 PPA 单一改性沥青

老化后 PPA 单一改性沥青的蠕变柔量试验结果如图 3-25 所示。

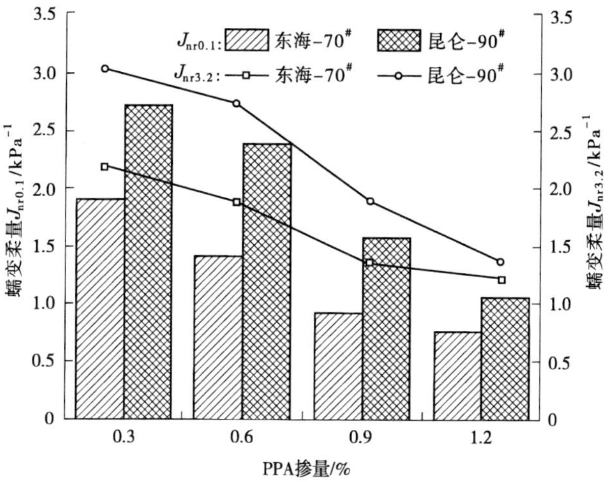

图 3-25　老化后 PPA 单一改性沥青蠕变柔量

分析图 3-25 可知,在同一种应力水平下,老化后改性沥青蠕变柔量 J_{nr} 随着 PPA 掺量的增加有明显下降,蠕变柔量 J_{nr} 表征沥青在荷载作用下发生的变形,蠕变柔量越低,表明沥青在同等荷载作用下发生的变形越小,抵抗变形能力越强。与老化前试验结果相一致,即增加 PPA 掺量对老化前后沥青的抵抗变形能力均有提升作用。

4. 老化后 PPA 复合改性沥青

老化后 PPA 复合改性沥青的蠕变柔量试验结果如图 3-26 所示。

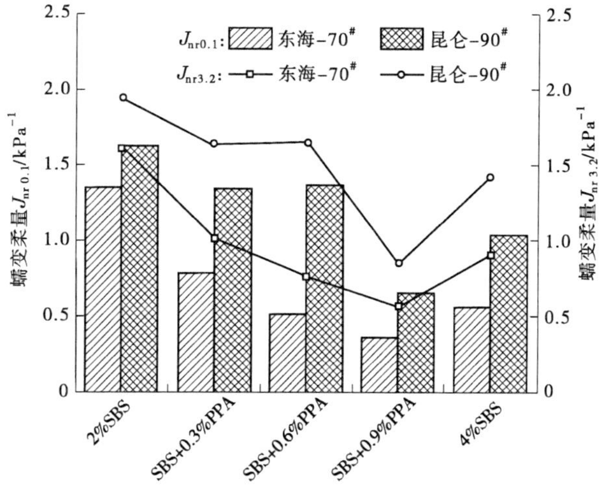

(a)PPA/SBS

图 3-26　老化后 PPA 复合改性沥青蠕变柔量

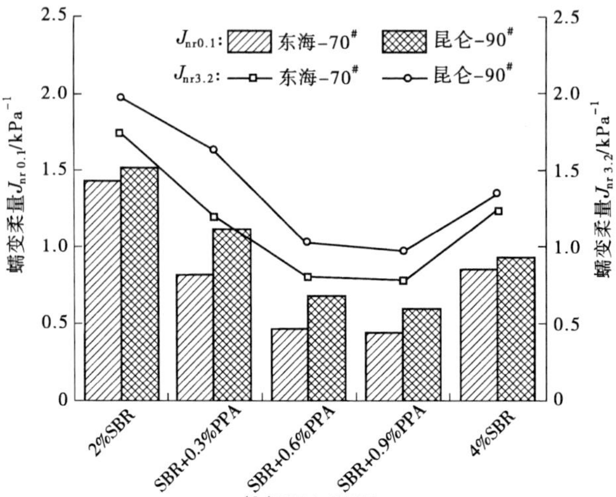

(b) PPA/SBR

续图 3-26

分析图 3-26 可知，在同一应力水平下，与 2%SBS、2%SBR 单一改性沥青相比，东海-70#和昆仑-90#沥青的蠕变柔量 J_{nr} 随 PPA 掺量增加有明显下降，其中 PPA/SBS 中 PPA 掺量越大，下降幅度越为显著；PPA/SBR 中 PPA 掺量增加至 0.6%后下降幅度减缓。对比同种 PPA 掺量下老化前后蠕变柔量 J_{nr}，东海-70#和昆仑-90#沥青老化后的蠕变柔量 J_{nr} 均低于原样沥青，该结果表明老化后 PPA/SBS、PPA/SBR 复合改性沥青的抵抗高温变形能力增强。

3.2 多聚磷酸改性沥青感温性能研究

3.2.1 GTS 感温性能分析

沥青的感温性能（温度敏感性），反映了沥青性质在不同温度下的变化特征，是评价沥青性能的重要参数。我国现行规范采用针入度指数（penetration index，PI）来评价改性沥青的感温性能，PI 指标具有易操作、费时短等优点，但其易受人为因素影响，误差较大，难以精准把控，且 PI 指标可适用的范围较小，难以满足试验需求。

为了在较大温度范围内评价沥青的温度敏感性，SHRP 计划提出以复数模量指数 GTS 作为评价指标，分析沥青的温度敏感性。通过 G^* 的双对数与测试温度 T 的对数回归拟合得到 GTS 值，GTS 值越低，沥青温度敏感性越低，感温性能越好，其计算式如式（3-1）所示。

$$\lg(\lg G^*) = \mathrm{GTS} \cdot \lg T + C \tag{3-1}$$

式中：G^* 为复数剪切模量，Pa；T 为试验温度，K；C 为回归拟合中常数项；GTS 为复数模量指数。

3.2.1.1 PPA 单一改性沥青

通过对 PPA 单一改性沥青复数模量 G^* 的双对数与测试温度 T 的对数进行拟合，得到线性方程,如图 3-27、图 3-28、表 3-17 所示。

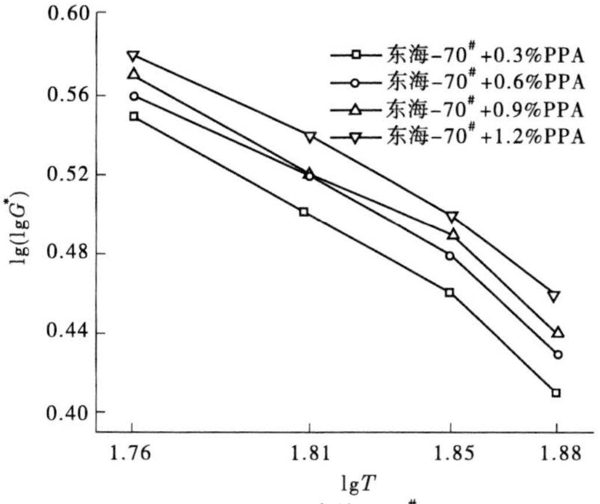

(a)东海-70#

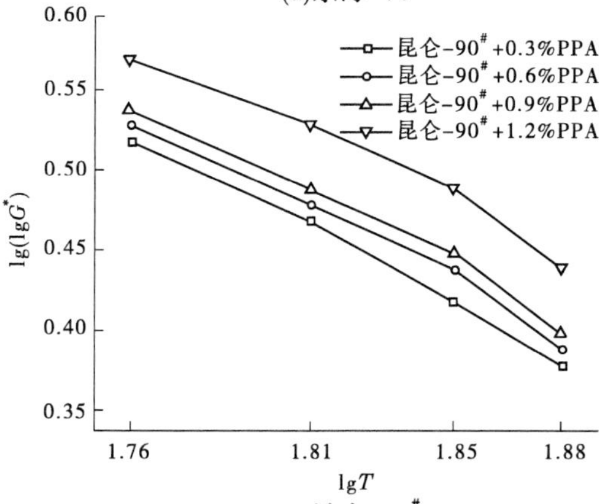

(b)昆仑-90#

图 3-27　PPA 单一改性沥青的 lg(lgG*)-lgT 关系曲线

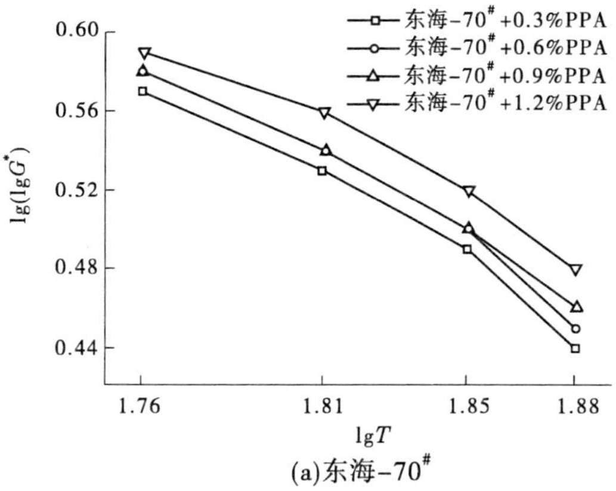

(a)东海-70#

图 3-28　RTFOT 后 PPA 单一改性沥青的 lg(lgG*)-lgT 关系曲线

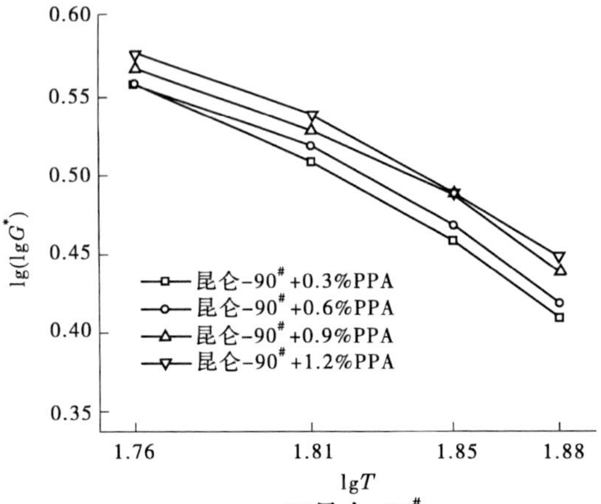

(b)昆仑-90#

续图 3-28

表 3-17　RTFOT 前后 PPA 单一改性沥青复数模量指数 GTS

沥青种类	PPA 掺量/%	GTS	回归式	R^2
东海-70#	0. 3	1. 135 80	$y=-1.13580x+2.42389$	0. 978 65
	0. 6	1. 055 56	$y=-1.05556x+2.42389$	0. 959 57
	0. 9	1. 037 04	$y=-1.03704x+2.39759$	0. 968 16
	1. 2	0. 987 65	$y=-0.98765x+2.32274$	0. 981 48
昆仑-90#	0. 3	1. 166 67	$y=-1.16667x+2.57667$	0. 993 23
	0. 6	1. 135 80	$y=-1.13580x+2.53284$	0. 978 69
	0. 9	1. 135 80	$y=-1.13580x+2.54284$	0. 978 69
	1. 2	1. 055 56	$y=-1.05556x+2.43389$	0. 959 57
东海-70#（RTFOT）	0. 3	1. 055 56	$y=-1.05556x+2.43389$	0. 959 57
	0. 6	1. 055 56	$y=-1.05556x+2.42389$	0. 959 57
	0. 9	1. 055 56	$y=-1.0556x+2.42389$	0. 959 57
	1. 2	0. 987 65	$y=-0.98765x+2.32347$	0. 981 48
昆仑-90#（RTFOT）	0. 3	0. 907 41	$y=-0.90741x+2.19352$	0. 955 15
	0. 6	1. 234 57	$y=-1.23457x+2.73809$	0. 981 48
	0. 9	1. 154 32	$y=-1.15432x+2.59914$	0. 961 79
	1. 2	1. 086 42	$y=-1.08642x+2.49772$	0. 992 78

分析图 3-27、图 3-28、表 3-17 可知：

(1)老化前后的各沥青回归系数均在 0.95 以上,说明采用 GTS 指标评价 PPA 单一改性沥青感温性能具有一定的可行性。

(2)对比同种沥青 RTFOT 前后的 GTS,发现随着 PPA 掺量的增大,GTS 值在不断减小,如东海-70#沥青在 0.3%PPA 掺量下 GTS 值为 1.135 80,PPA 掺量增加至 1.2%时 GTS 值下降为 0.987 65,说明在 0.3%~1.2%PPA 掺量范围内,PPA 掺量越高,GTS 越低,沥青的感温性能越好,温度变化对沥青力学性能影响越小。

(3)对比东海-70#与昆仑-90#沥青,发现同一 PPA 掺量下,当 PPA 掺量大于 0.3%时,原样及老化后的东海-70#沥青的 GTS 值始终小于昆仑-90#沥青的 GTS 值,表明东海-70#沥青感温性能要优于昆仑-90#沥青。此外,对于同种沥青的同一 PPA 掺量下的 GTS 值,发现经过老化后,GTS 值下降,说明老化后的沥青的温度敏感性降低,感温性能提高。

3.2.1.2 PPA 复合改性沥青

对 PPA 复合改性沥青复数模量 G^* 的双对数与测试温度 T 的对数进行线性拟合,如图 3-29~图 3-32 所示,GTS 值和拟合方程见表 3-18、表 3-19。

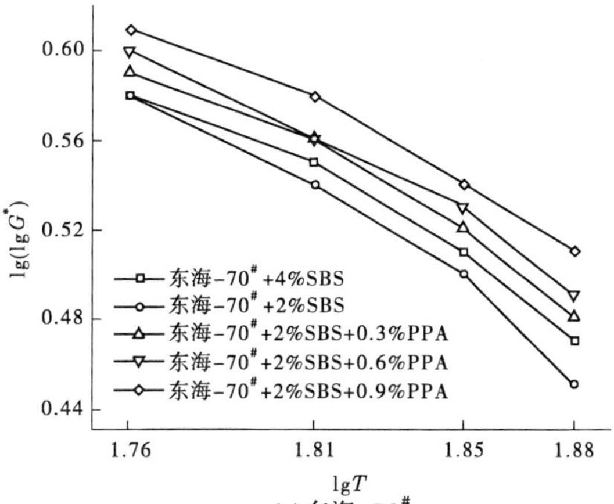

(a)东海-70#

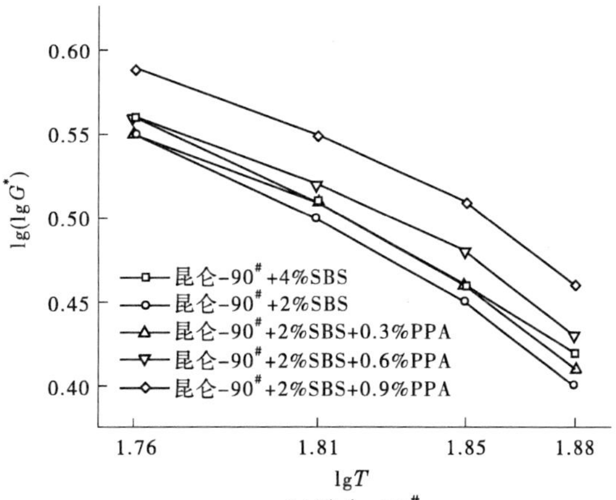

(b)昆仑-90#

图 3-29　PPA/SBS 复合改性沥青的 lg(lgG^*)-lg$T$ 关系曲线

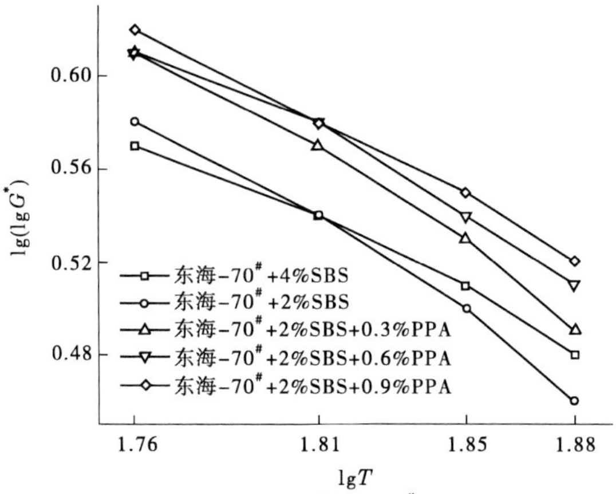

(a)东海-70#

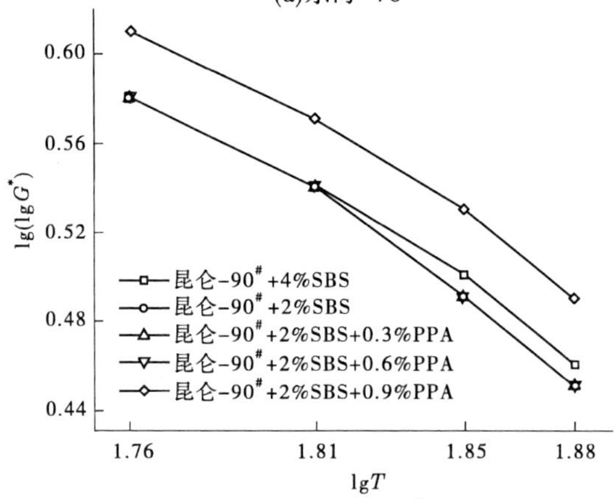

(b)昆仑-90#

图 3-30　RTFOT 后 PPA/SBS 复合改性沥青的 lg(lgG^*)-lg$T$ 关系曲线

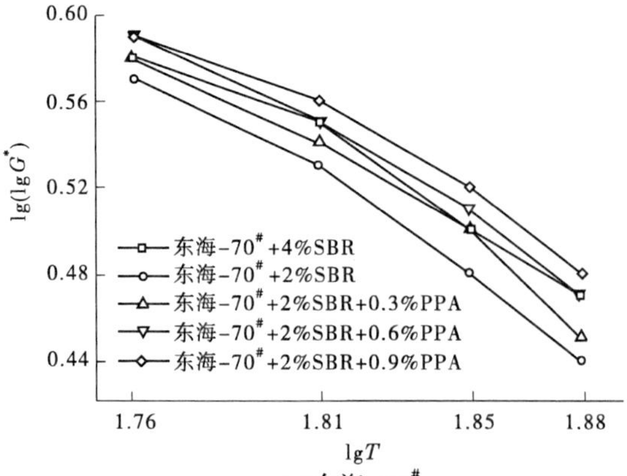

(a)东海-70#

图 3-31　PPA/SBR 复合改性沥青的 lg(lgG^*)-lg$T$ 关系曲线

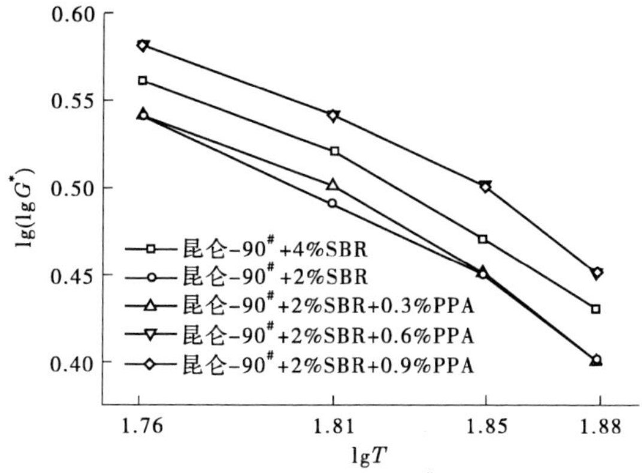

(b)昆仑-90#

续图 3-31

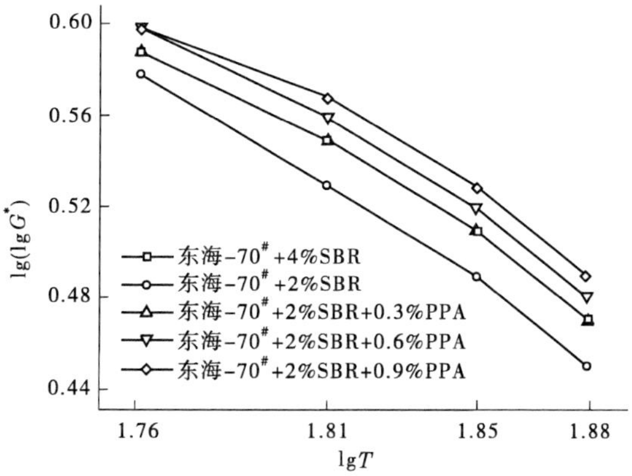

(a)东海-70#

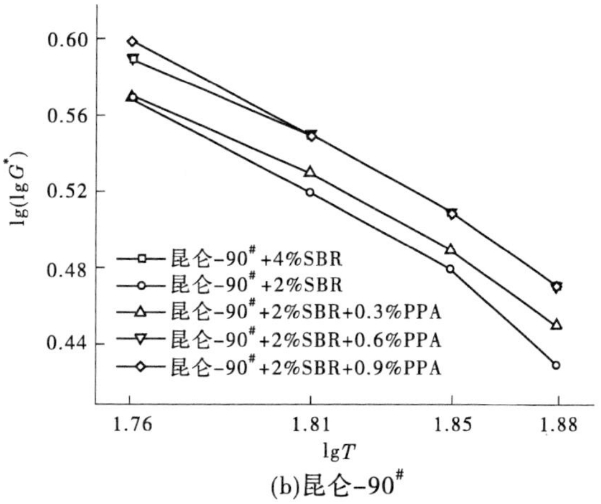

(b)昆仑-90#

图 3-32　RTFOT 后 PPA/SBR 复合改性沥青的 lg(lgG^*) -lg$T$ 关系曲线

表 3-18　RTFOT 前后 PPA/SBS 复合改性沥青复数模量指数 GTS

沥青种类	SBS 掺量/%	PPA 掺量/%	GTS	回归式	R^2
东海-70#	4	0	0. 907 41	y=-0. 907 41x+2. 183 52	0. 955 15
	2	0	1. 055 56	y=-1. 055 56x+2. 443 89	0. 959 57
	2	0. 3	0. 907 41	y=-0. 907 41x+2. 193 52	0. 955 15
	2	0. 6	0. 888 89	y=-0. 888 89x+2. 167 22	0. 976 92
	2	0. 9	0. 839 51	y=-0. 839 51x+2. 092 1	0. 976 37
昆仑-90#	4	0	1. 166 67	y=-1. 166 67x+2. 616 67	0. 993 23
	2	0	1. 234 57	y=-1. 234 57x+2. 728 09	0. 981 48
	2	0. 3	1. 154 32	y=-1. 154 32x+2. 589 14	0. 961 79
	2	0. 6	1. 055 56	y=-1. 055 56x+2. 423 89	0. 959 57
	2	0. 9	1. 055 56	y=-1. 055 56x+2. 453 89	0. 959 57
东海-70#（RTFOT）	4	0	0. 740 74	y=-0. 740 74x+1. 876 85	0. 981 48
	2	0	0. 987 65	y=-0. 987 65x+2. 322 47	0. 981 48
	2	0. 3	0. 987 65	y=-0. 987 65x+2. 352 47	0. 981 48
	2	0. 6	0. 839 51	y=-0. 839 51x+2. 092 1	0. 976 37
	2	0. 9	0. 820 99	y=-0. 820 99x+2. 065 8	0. 995 77
昆仑-90#（RTFOT）	4	0	0. 987 65	y=-0. 987 65x+2. 322 47	0. 981 48
	2	0	1. 086 42	y=-1. 086 42x+2. 497 72	0. 978 43
	2	0. 3	1. 086 42	y=-1. 086 42x+2. 497 72	0. 978 43
	2	0. 6	1. 086 42	y=-1. 086 42x+2. 497 72	0. 978 43
	2	0. 9	0. 987 65	y=-0. 987 65x+2. 352 47	0. 981 48

表 3-19　RTFOT 前后 PPA/SBR 复合改性沥青复数模量指数 GTS

沥青种类	SBR 掺量/%	PPA 掺量/%	GTS	回归式	R^2
东海-70#	4	0	0. 938 27	y=-0. 938 27x+2. 237 53	0. 965 25
	2	0	1. 086 42	y=-1. 086 42x+2. 487 72	0. 978 43
	2	0. 3	1. 055 56	y=-1. 055 56x+2. 443 89	0. 959 57
	2	0. 6	0. 987 65	y=-0. 987 65x+2. 332 47	0. 981 48
	2	0. 9	0. 907 41	y=-0. 907 41x+2. 193 52	0. 955 15

续表 3-19

沥青种类	SBR 掺量/%	PPA 掺量/%	GTS	回归式	R^2
昆仑-90#	4	0	1. 086 42	$y=-1.08642x+2.47772$	0. 978 43
	2	0	1. 135 80	$y=-1.13580x+2.54284$	0. 978 69
	2	0. 3	1. 154 32	$y=-1.15432x+2.57914$	0. 961 79
	2	0. 6	1. 055 56	$y=-1.05556x+2.44389$	0. 959 57
	2	0. 9	1. 055 56	$y=-1.05556x+2.44389$	0. 959 57
东海-70#（RTFOT）	4	0	0. 987 65	$y=-0.98765x+2.33247$	0. 981 48
	2	0	1. 067 90	$y=-1.06790x+2.46142$	0. 993 91
	2	0. 3	0. 987 65	$y=-0.98765x+2.33247$	0. 981 48
	2	0. 6	0. 987 65	$y=-0.98765x+2.34247$	0. 981 48
	2	0. 9	0. 907 41	$y=-0.90741x+2.20352$	0. 955 15
昆仑-90#（RTFOT）	4	0	0. 987 65	$y=-0.98765x+2.33247$	0. 981 48
	2	0	1. 135 80	$y=-1.13580x+2.57284$	0. 978 69
	2	0. 3	1. 067 90	$y=-1.06790x+2.48142$	0. 993 91
	2	0. 6	0. 987 65	$y=-0.98765x+2.31247$	0. 981 48
	2	0. 9	1. 067 90	$y=-1.06790x+0.04821$	0. 981 48

分析图 3-29～图 3-32,表 3-18、表 3-19 可知:

(1)方程拟合系数均在 0. 95 以上,说明采用 GTS 指标也可以评价 PPA 复合改性沥青的感温性能。对比老化前后 PPA 复合改性沥青的 GTS 值,发现随着 PPA 掺量的增加,GTS 值逐渐下降,说明无论是否老化,PPA 都能提高沥青的感温性能,降低温度敏感性。

(2)老化前,2%SBS+0. 3%PPA 具有与 4%SBS 改性沥青几乎相同的 GTS 值,说明采用 0. 3%PPA 代替 2%SBS 可以使沥青得到相同的感温性能。老化后,同一种 PPA 复合改性沥青的 GTS 值相较于老化前显著降低,说明老化作用提高了沥青的感温性能,进而提高了沥青的高温稳定性。

3. 2. 2　VTS 感温性能分析

此外,国内也有学者提出可以采用黏温指数 VTS 来评价沥青的感温性能,计算公式如式(3-2)、式(3-3)所示。

$$\eta = \frac{G^*}{\omega} \times \left(\frac{1}{\sin\delta}\right)^{4.8628} \tag{3-2}$$

$$\mathrm{VTS} = \frac{\lg(\lg\eta_1) - \lg(\lg\eta_2)}{\lg T_{k,1} - \lg T_{k,2}} \tag{3-3}$$

式中:η 为黏度;ω 为加载频率,$\omega = 10$ rad/s;η_1、η_2 为相邻温度对应黏度;T_k 为开氏温度,$T_k = t+273.13$,t 为摄氏温度。

3.2.2.1 PPA 单一改性沥青

图 3-33、图 3-34 为 PPA 单一改性沥青黏度 η 双对数随温度变化曲线拟合结果，线性方程拟合结果如表 3-20 所示。

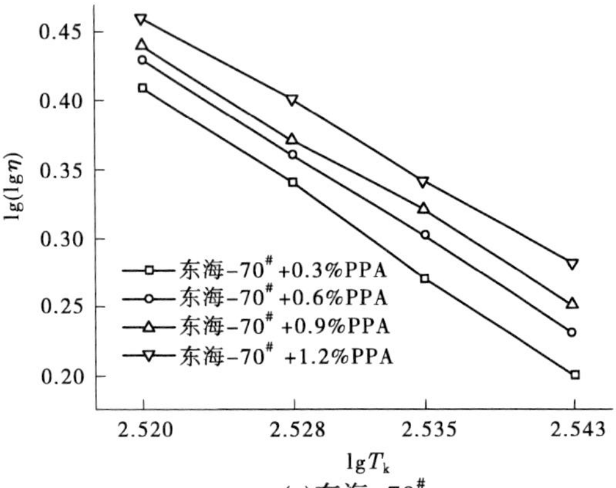

(a)东海-70#

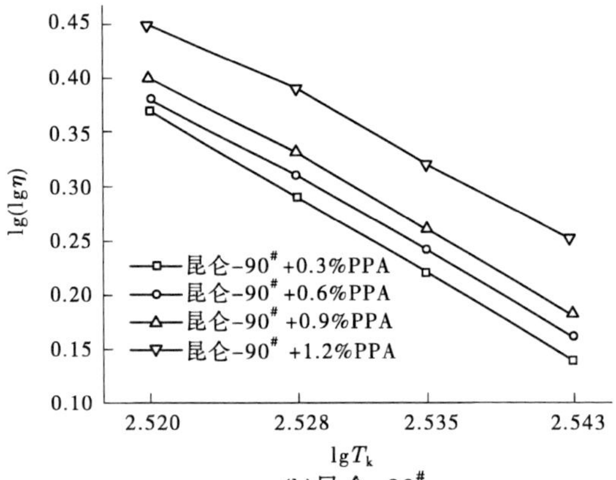

(b)昆仑-90#

图 3-33　PPA 单一改性沥青的 $\lg(\lg\eta)-\lg T_k$ 关系曲线

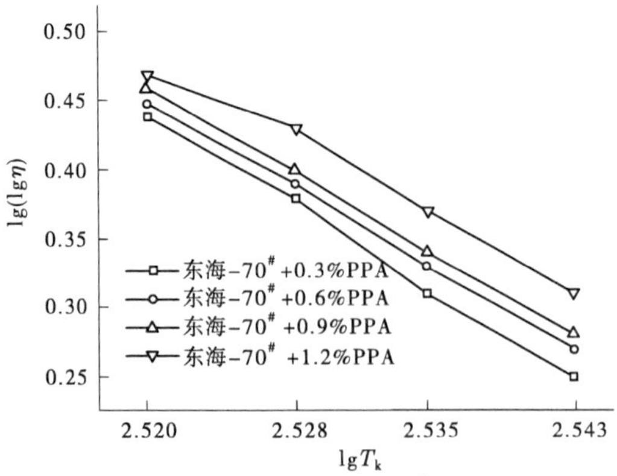

(a)东海-70#

图 3-34　RTROT 后 PPA 单一改性沥青的 $\lg(\lg\eta)-\lg T_k$ 关系曲线

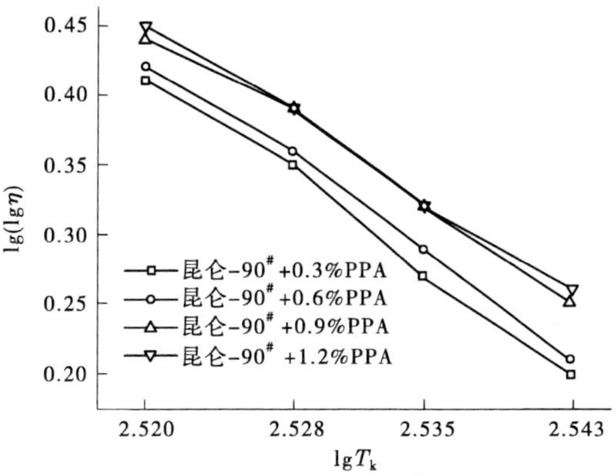

(b)昆仑-90#

续图 3-34

表 3-20　RTFOT 前后 PPA 单一改性沥青复数黏度指数 VTS

沥青种类	PPA 掺量/%	VTS	回归公式	R^2
东海-70#	0. 3	9. 204 15	$y=-9.20415x+23.60531$	0. 998 96
	0. 6	8. 685 12	$y=-8.68512x+22.31638$	0. 998 98
	0. 9	8. 166 09	$y=-8.16609x+21.01746$	0. 997 82
	1. 2	7. 889 27	$y=-7.88927x+20.34170$	0. 998 96
昆仑-90#	0. 3	10. 000 00	$y=-10.00000x+25.57000$	1
	0. 6	9. 602 08	$y=-9.60208x+24.58016$	0. 998 36
	0. 9	9. 602 08	$y=-9.60208x+24.60016$	0. 998 36
	1. 2	8. 806 23	$y=-8.80623x+22.64547$	0. 995 79
东海-70#（RTFOT）	0. 3	8. 408 30	$y=-8.40830x+21.63062$	0. 995 04
	0. 6	7. 889 27	$y=-7.88927x+20.33170$	0. 998 96
	0. 9	7. 889 27	$y=-7.88927x+20.34170$	0. 998 96
	1. 2	7. 093 43	$y=-7.09343x+18.35201$	0. 983 83
昆仑-90#（RTFOT）	0. 3	9. 325 26	$y=-9.32526x+23.91439$	0. 991 49
	0. 6	9. 204 15	$y=-9.20415x+23.62031$	0. 992 87
	0. 9	8. 408 30	$y=-8.40830x+21.63562$	0. 987 78
	1. 2	8. 408 30	$y=-8.40830x+21.64062$	0. 995 04

分析图 3-33、图 3-34 可知，与 GTS 指标一样，采用 VTS 指标同样也可以较好地评价 PPA 单一改性沥青的感温性能。老化前后，随着 PPA 掺量增加，VTS 值都呈现减小趋势，且对于一种掺量下的 PPA 单一改性沥青，老化后的 VTS 值小于老化前的 VTS 值，同样说明老化作用提高了 PPA 单一改性沥青的感温性能。

3.2.2.2 PPA 复合改性沥青

图 3-35～图 3-38 为 PPA 复合改性沥青黏度 η 双对数随温度变化曲线拟合结果，线性方程拟合结果如表 3-21、表 3-22 所示。

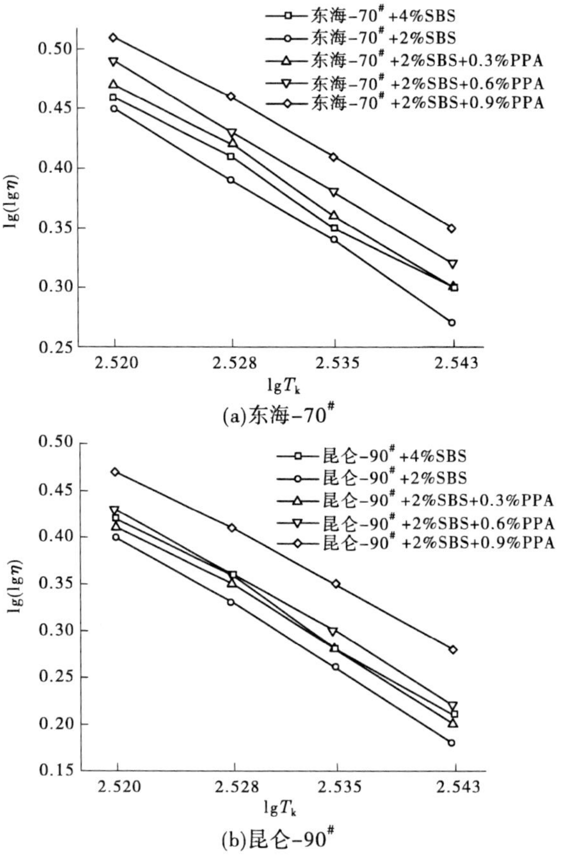

图 3-35 PPA/SBS **复合改性沥青的** $\lg(\lg\eta)-\lg T_k$ **关系曲线**

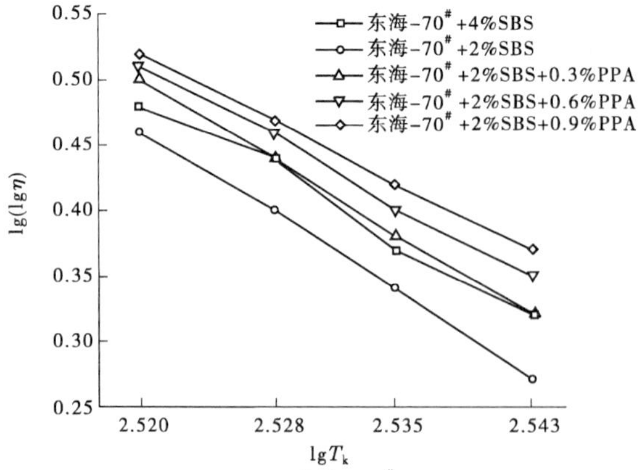

图 3-36 RTFOT **后** PPA/SBS **复合改性沥青的** $\lg(\lg\eta)-\lg T_k$ **关系曲线**

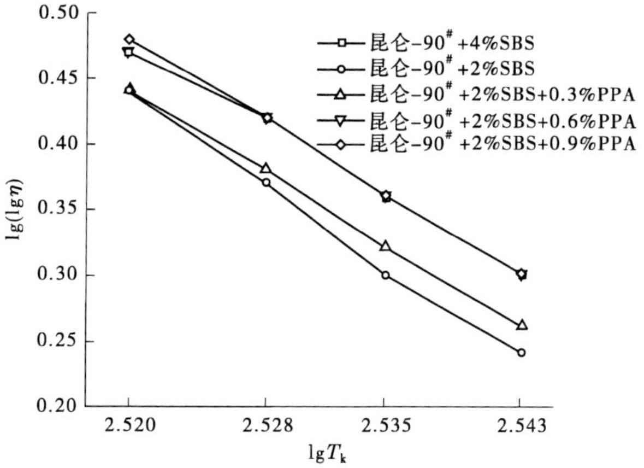

(b)昆仑-90#

续图 3-36

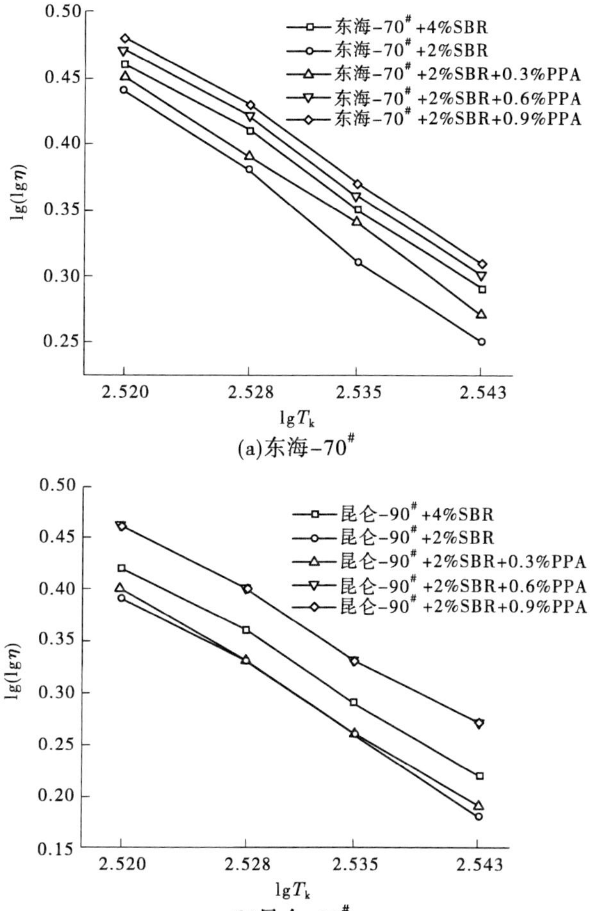

(a)东海-70#

(b)昆仑-90#

图 3-37 PPA/SBR 复合改性沥青的 lg(lgη)-lgT_k 关系曲线

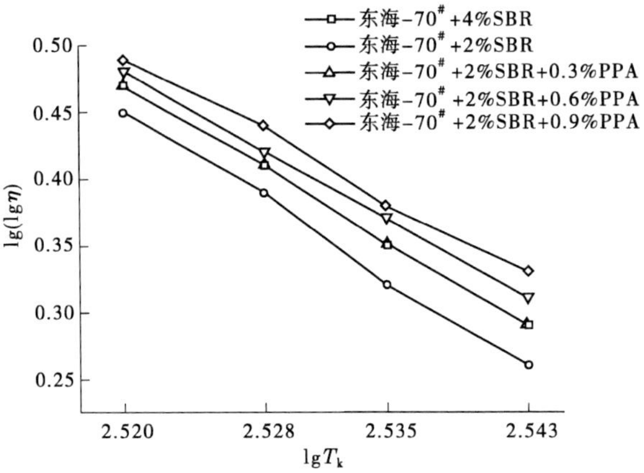

(a)东海-70#

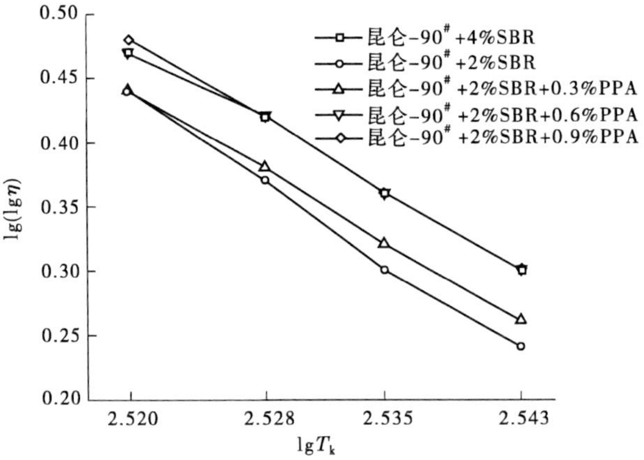

(b)昆仑-90#

图 3-38　RTFOT 后 PPA/SBR 复合改性沥青的 lg(lgη)-lgT_k 关系曲线

表 3-21　RTFOT 前后 PPA/SBS 复合改性沥青复数黏度指数 VTS

沥青种类	SBS 掺量/%	PPA 掺量/%	VTS	回归公式	R^2
东海-70#	4	0	7.093 43	$y=-7.09343x+18.33701$	0.993 99
	2	0	7.768 17	$y=-7.76817x+20.02761$	0.996 96
	2	0.3	7.491 35	$y=-7.49135x+19.31585$	0.994 82
	2	0.6	7.370 24	$y=-7.37024x+19.06277$	0.999 87
	2	0.9	6.972 32	$y=-6.97232x+0.99725$	0.997 25

续表 3-21

沥青种类	SBS 掺量/%	PPA 掺量/%	VTS	回归公式	R^2
昆仑-90#	4	0	9. 325 26	y=−9. 325 26x+23. 924 39	0. 991 49
	2	0	9. 602 08	y=−9. 602 08x+24. 600 16	0. 998 36
	2	0. 3	9. 204 15	y=−9. 204 15x+23. 610 31	0. 992 87
	2	0. 6	9. 083 04	y=−9. 083 04x+23. 321 23	0. 997 99
	2	0. 9	8. 287 2	y=−8. 287 2x+21. 356 54	0. 997 95
东海-70#（RTFOT）	4	0	7. 214 53	y=−7. 214 53x+18. 666 09	0. 977 15
	2	0	8. 287 2	y=−8. 287 2x+21. 346 54	0. 997 95
	2	0. 3	7. 889 27	y=−7. 889 27x+30. 381 7	0. 998 96
	2	0. 6	7. 093 43	y=−7. 093 43x+18. 387 01	0. 993 99
	2	0. 9	6. 574 39	y=−6. 574 39x+17. 088 08	0. 998 96
昆仑-90#（RTFOT）	4	0	7. 491 35	y=−7. 491 35x+19. 351 85	0. 994 82
	2	0	8. 806 23	y=−8. 806 23x+22. 630 47	0. 995 79
	2	0. 3	7. 889 27	y=−7. 889 27x+20. 321 7	0. 998 96
	2	0. 6	7. 889 27	y=−7. 889 27x+20. 361 7	0. 998 96
	2	0. 9	7. 491 35	y=−7. 491 35x+19. 351 85	0. 994 82

表 3-22　RTFOT 前后 PPA/SBR 复合改性沥青复数黏度指数 VTS

沥青种类	SBR 掺量/%	PPA 掺量/%	VTS	回归公式	R^2
东海-70#	4	0	7. 491 35	y=−7. 491 35x+19. 341 85	0. 994 82
	2	0	8. 408 30	y=−8. 408 30x+21. 630 62	0. 995 04
	2	0. 3	7. 768 17	y=−7. 768 17x+20. 076 1	0. 996 96
	2	0. 6	7. 491 35	y=−7. 491 35x+19. 351 85	0. 994 82
	2	0. 9	7. 491 35	y=−7. 491 35x+19. 361 85	0. 994 82
昆仑-90#	4	0	8. 806 23	y=−8. 806 23x+22. 615 47	0. 995 79
	2	0	9. 204 15	y=−9. 204 15x+23. 590 31	0. 992 87
	2	0. 3	9. 204 15	y=−9. 204 15x+23. 593 01	0. 998 96
	2	0. 6	8. 408 30	y=−8. 408 30x+21. 650 62	0. 995 04
	2	0. 9	8. 408 30	y=−8. 408 30x+21. 650 62	0. 995 04

续表 3-22

沥青种类	SBR 掺量/%	PPA 掺量/%	VTS	回归公式	R^2
东海-70#（RTFOT）	4	0	7.889 27	$y=-7.889\ 27x+20.351\ 7$	0.998 96
	2	0	8.408 30	$y=-8.408\ 30x+21.640\ 62$	0.995 04
	2	0.3	7.889 27	$y=-7.889\ 27x+20.351\ 7$	0.998 96
	2	0.6	7.370 24	$y=-7.370\ 24x+19.052\ 77$	0.999 87
	2	0.9	7.093 43	$y=-7.093\ 43x+18.367\ 01$	0.993 99
昆仑-90#（RTFOT）	4	0	7.491 35	$y=-7.491\ 35x+19.351\ 85$	0.994 82
	2	0	8.806 23	$y=-8.806\ 23x+22.630\ 47$	0.995 79
	2	0.3	7.889 27	$y=-7.889\ 27x+20.321\ 7$	0.998 96
	2	0.6	7.889 27	$y=-7.889\ 27x+20.321\ 7$	0.998 96
	2	0.9	7.491 35	$y=-7.491\ 35x+19.351\ 85$	0.994 82

分析图 3-35～图 3-38 可知，VTS 指标同样也适用于评价 PPA 复合改性沥青的感温性能，老化前后随着 PPA 掺量的增加，复合改性沥青的 VTS 值逐渐减小，说明沥青的感温性能和高温稳定性提高。此外，老化前 2%的聚合物与 0.6%PPA 复合改性沥青的 VTS 值与 4%聚合物改性沥青相当，说明 0.6%PPA 可以部分替代聚合物改性剂，同时使沥青达到相同的感温性能。

3.3　多聚磷酸改性沥青低温蠕变性能研究

沥青路面在高温天气和车辆荷载的长期作用下，会受到车辙、推移等病害，而在气温骤降时，由于沥青混合料内部不能对温度及时做出响应，随着温度下降沥青材料不能收缩，则立即产生温度应力，当该应力值超过沥青混合料抗拉强度时，就会产生裂缝，经过雨水的侵蚀，裂缝又会引发各种路面病害，严重影响沥青路面的使用性能及使用寿命。

3.3.1　低温弯曲蠕变试验结果分析

目前，国际并没有统一的沥青低温评价标准，国内外常见的试验方法有延度试验、低温针入度试验及低温黏度试验等，但是这些试验都不能有效地评价实际路用过程中沥青的低温性能。随后美国 SHRP 计划基于“梁”的模型设计了低温弯曲梁流变（beam bending rheometer，BBR）试验评价沥青低温性能。该试验将沥青样品制备成小梁试件（见图 3-39），在不同低温环境对小梁试件施加荷载，以劲度模量 S 及变化率 m 评价沥青低温性能，S 值越小，则沥青梁在低温条件下的柔韧变形能力越强，反之则表明沥青梁在低温条件越硬脆。

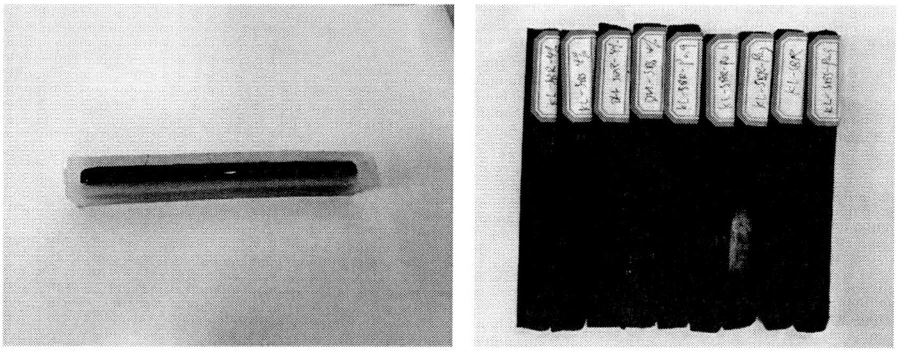

图 3-39　小梁试件成型及样品

本书对不同掺量下的 PPA 改性沥青及 PPA 复合聚合物(SBS、SBR)改性沥青在-12 ℃、-18 ℃、-24 ℃条件下进行弯曲梁流变试验,试验仪器及试验过程见图 3-40。

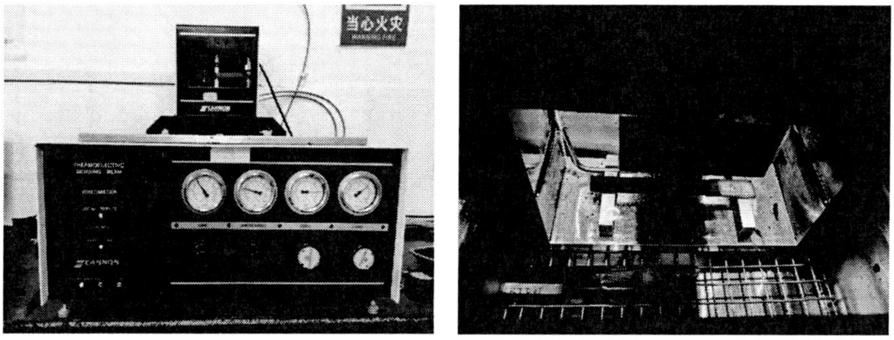

图 3-40　BBR 试验仪器及试验过程

3.3.1.1　PPA 单一改性沥青

本次研究通过对不同试验温度下的 PPA 单一改性沥青进行低温蠕变性能试验,以劲度模量 S 和蠕变速率 m 作为评价指标,试验结果见表 3-23、图 3-41。

表 3-23　PPA 单一改性沥青 BBR 试验结果

沥青类型	改性剂掺量/%	-12 ℃		-18 ℃		-24 ℃	
		S/MPa	m	S/MPa	m	S/MPa	m
东海-70#	0	65.8	0.550	179	0.408	470	0.304
	0.3	67.8	0.513	180	0.406	540	0.302
	0.6	75.8	0.508	200	0.394	546	0.274
	0.9	76.4	0.468	218	0.393	551	0.260
	1.2	88.2	0.460	235	0.392	575	0.251

续表 3-23

沥青类型	改性剂掺量/%	-12 ℃		-18 ℃		-24 ℃	
		S/MPa	m	S/MPa	m	S/MPa	m
昆仑-90#	0	52.9	0.597	182	0.454	562	0.296
	0.3	54.1	0.519	186	0.422	574	0.294
	0.6	54.4	0.513	196	0.418	577	0.291
	0.9	67.1	0.505	199	0.416	590	0.290
	1.2	70.1	0.504	199	0.410	603	0.283

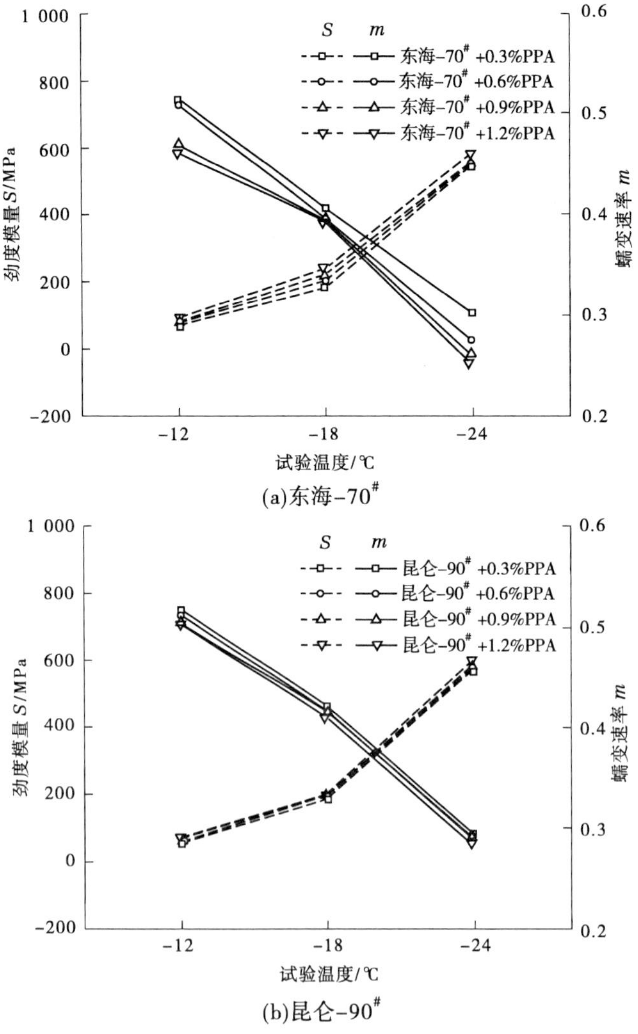

图 3-41　PPA 单一改性沥青 BBR 试验结果

分析表 3-23、图 3-41 可知：

(1)对不同试验温度、不同基质沥青类型，随着 PPA 掺量的增加，两种沥青的劲度模量 S 逐渐增大，蠕变速率 m 逐渐减小，说明 PPA 对沥青低温性能具有不利影响。此外，随着试验温度的降低，PPA 单一改性沥青的劲度模量 S 持续增大，且增长速率变快，蠕变速率 m 持续降低，温度越低，沥青低温蠕变性能越差，更容易发生脆断。

(2)对比两种 PPA 单一改性沥青的劲度模量 S 和蠕变速率 m，发现在相同 PPA 掺量下，昆仑-90#沥青具有更低的劲度模量 S 和更高的蠕变速率 m，说明昆仑-90#/PPA 单一改性沥青具有更好的低温性能。主要是由于昆仑-90#沥青针入度值较大，所含轻质组分含量更高，因而具有较好的低温延展性。

(3)以-12 ℃下不同掺量的 PPA 单一改性沥青 BBR 试验结果为例，随着 PPA 掺量增大，东海-70#沥青的劲度模量 S 分别增长了 3.04%、15.2%、16.11%和 34.04%；昆仑-90#沥青的劲度模量 S 分别增长了 2.3%、2.8%、26.8%和 32.5%，在-18 ℃和-24 ℃下的 PPA 单一改性沥青也呈现相同规律，即 PPA 掺量越高，劲度模量 S 下降幅度越明显，特别是在 PPA 掺量 0.9%~1.2%时 S 增幅最大，结合第 2 章的 PPA 推荐掺量 0.9%~1.0%，因此推荐 PPA 单一改性沥青最佳掺量为 1.0%。

3.3.1.2　PPA 复合改性沥青

为探究 PPA 复合改性沥青的低温蠕变性能，本次研究分别对 PPA/SBS、PPA/SBR 复合改性沥青进行 BBR 试验，结果见表 3-24、图 3-42、图 3-43。

表 3-24　PPA 复合改性沥青 BBR 试验结果

沥青类型	改性剂	-12 ℃		-18 ℃		-24 ℃	
		S/MPa	m	S/MPa	m	S/MPa	m
东海-70#	2%SBS	82.4	0.398	187	0.300	470	0.231
	2%SBS+0.3%PPA	81.1	0.394	243	0.325	588	0.246
	2%SBS+0.6%PPA	70.8	0.408	170	0.278	353	0.212
	2%SBS+0.9%PPA	99.3	0.407	184	0.307	517	0.265
	2%SBR	128.0	0.401	278	0.324	520	0.233
	2%SBR+0.3%PPA	91.0	0.446	259	0.345	472	0.216
	2%SBR+0.6%PPA	95.6	0.401	347	0.318	626	0.257
	2%SBR+0.9%PPA	117.0	0.410	229	0.336	596	0.253

续表 3-24

沥青类型	改性剂	-12 ℃		-18 ℃		-24 ℃	
		S/MPa	m	S/MPa	m	S/MPa	m
昆仑-90#	2%SBS	117.0	0.398	336	0.341	736	0.233
	2%SBS+0.3%PPA	93.5	0.471	303	0.306	573	0.203
	2%SBS+0.6%PPA	63.8	0.450	226	0.342	552	0.242
	2%SBS+0.9%PPA	101.0	0.455	296	0.341	652	0.245
	2%SBR	92.9	0.428	315	0.305	651	0.207
	2%SBR+0.3%PPA	106.0	0.433	290	0.305	442	0.144
	2%SBR+0.6%PPA	80.9	0.461	208	0.330	482	0.249
	2%SBR+0.9%PPA	97.8	0.424	300	0.338	737	0.242

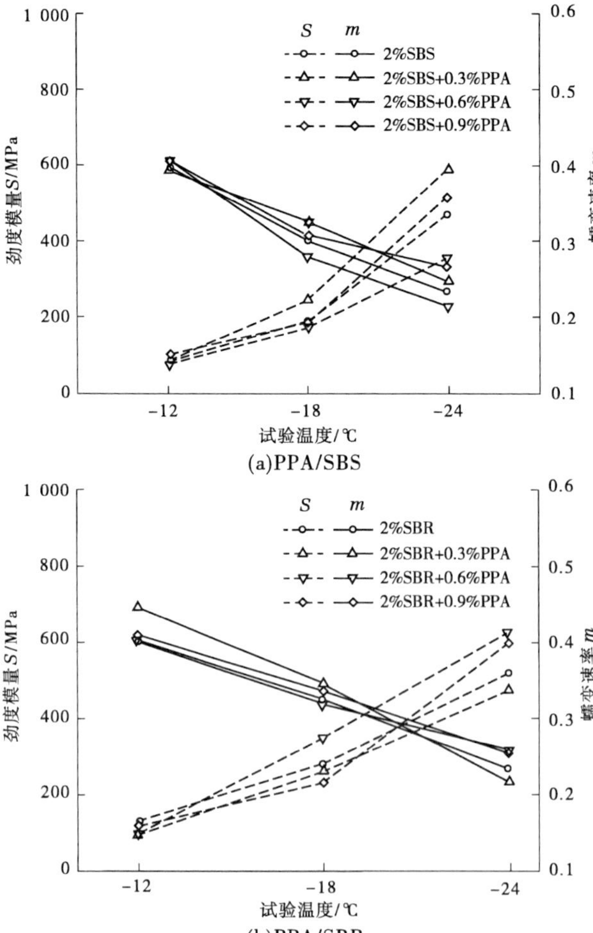

(a)PPA/SBS
(b)PPA/SBR

图 3-42 东海-70#/PPA 复合改性沥青 BBR 试验结果

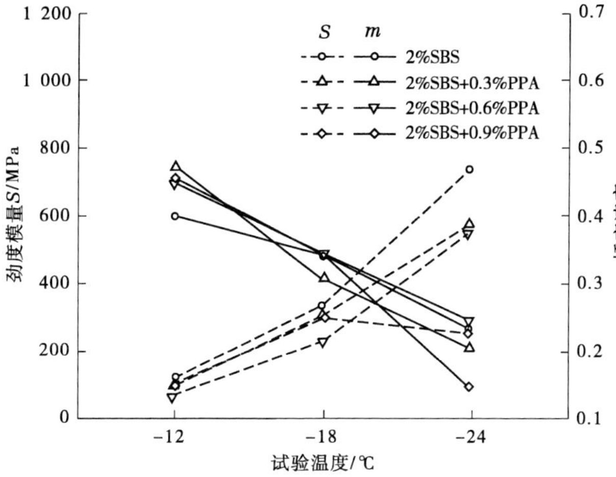

(a)PPA/SBS

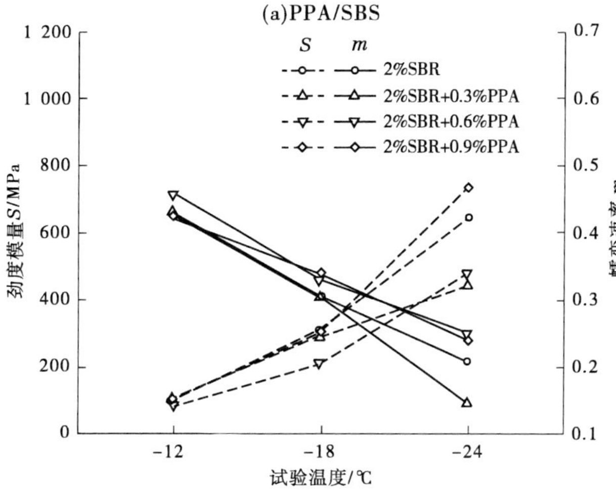

(b)PPA/SBR

图 3-43 昆仑-90#/PPA 复合改性沥青 BBR 试验结果

分析表 3-24、图 3-42、图 3-43 可知：

(1)对于东海-70#/PPA 复合改性沥青，同种改性沥青的劲度模量 S 值随着温度的降低而增大，蠕变速率 m 值随着温度的降低而减小。

(2)对于昆仑-90#/PPA 复合改性沥青，同一温度下，随着 PPA 掺量的增加，S 值先减小后增大，m 值呈现先增大后减小的趋势。考虑到 S、m 值的变化规律不统一，有学者用 m/S 值来表征沥青的低温性能，m/S 值越大，表明低温性能越好。以-12 ℃试验温度、2%SBS 为例，不同 PPA 掺量的 m/S 值为 0.003 4、0.005 0、0.007 1 和 0.004 5，即 m/S 值按照从大到小的顺序为：昆仑-90#+2%SBS+0.6%PPA、昆仑-90#+2%SBS+0.3%PPA、昆仑-90#+2%SBS+0.9%PPA、昆仑-90#+2%SBS，表明 PPA 与 SBS 复配可改善沥青的低温性能。

(3)进一步分析试验温度的区间对改性沥青低温性能的影响。从-12～-18 ℃的改性沥青的劲度模量 S 增幅略小于-18～-24 ℃的劲度模量 S，表明劲度模量 S 受温度影响较大,试验温度越低,沥青的应力松弛和变形越弱。而蠕变速率 m 几乎呈线性规律减小,当试验温度降低至-24 ℃时,不同掺量的 PPA 复合改性沥青蠕变速率 m 相差很小,且 m 值均小于美国 SHRP 计划要求的 0.3,表明在此温度下不适合选用 PPA 复合改性沥青。

3.3.1.3 RTFOT 后 PPA 单一改性沥青

对经过短期老化的 PPA 单一改性沥青进行 BBR 试验,试验结果见表 3-25。同时,为进一步分析 RTFOT 后 PPA 的掺量对改性沥青低温性能的影响,采用 m/S 值进行对比,结合表 3-23 相关数据分析如图 3-44 所示。

表 3-25 RTFOT 后 PPA 单一改性沥青 BBR 试验结果

沥青类型	PPA 掺量/%	-12 ℃		-18 ℃		-24 ℃	
		S/MPa	m	S/MPa	m	S/MPa	m
东海-70#	0.3	97.7	0.438	295	0.313	354	0.130
	0.6	99.1	0.444	275	0.340	600	0.251
	0.9	93.2	0.437	214	0.356	515	0.256
	1.2	70.6	0.431	209	0.352	571	0.251
昆仑-90#	0.3	118	0.471	234	0.210	673	0.190
	0.6	134	0.419	318	0.248	884	0.232
	0.9	94.2	0.452	285	0.348	669	0.237
	1.2	145	0.410	361	0.358	798	0.225

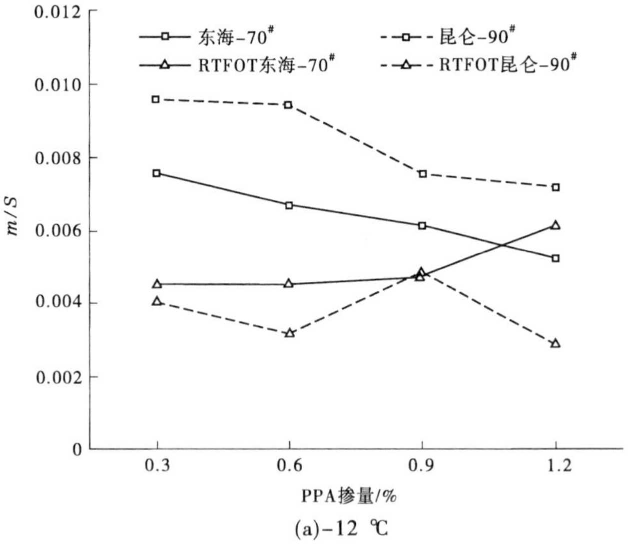

(a)-12 ℃

图 3-44 RTFOT 前后 PPA 单一改性沥青 m/S 值

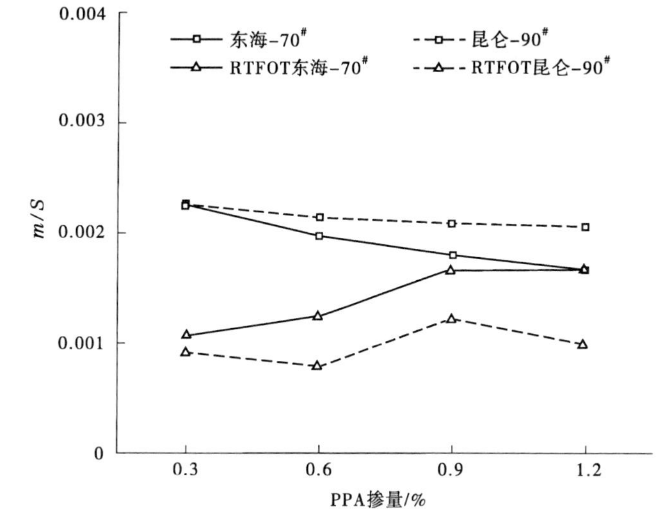

(b)-18 ℃

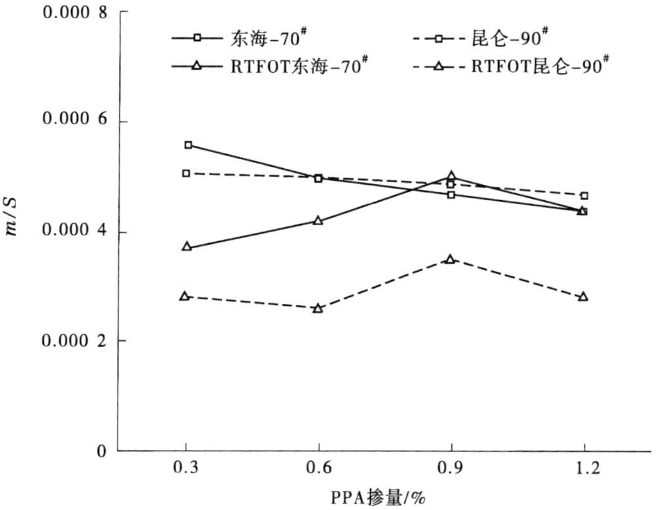

(c)-24 ℃

续图 3-44

分析表 3-25、图 3-44 可知:

(1)PPA 单一改性沥青老化后,m 值随着温度的降低而减小,S 值随着温度的降低而增大,这与原样沥青的变化规律一致,表明温度降低对沥青低温时的变形能力和应力松弛能力都存在不利影响,主要是因为温度降低时沥青硬脆性变大。同一温度下,RTFOT 后 PPA 改性沥青的 S 和 m 值与掺量呈现非线性关系,如-12 ℃温度下,东海-70#沥青加入不同掺量的 PPA,其 m 值分别为 0.438、0.444、0.437、0.431,m 值先增大后减小。

(2)由图 3-44 可知,老化前后,PPA 单一改性沥青 m/S 值均降低,表明老化对改性沥青的低温性能有不利影响,且随着试验温度降低时影响降低。在同一温度下,原样沥青的

m/S 值均随着掺量的增大而减小，而老化沥青的变化是先减小后增大再减小。这主要是因为 PPA 与沥青有可能发生化学改性，改性沥青的重质组分比例增加，热稳定性提高，低温性能降低，而老化造成的轻质组分挥发较小，低温性能变化也相对较低。而且对于 RTFOT 昆仑-90#改性沥青，m/S 值在 PPA 掺量为 0.9%时最大；对于 RTFOT 东海-70#改性沥青，-18 ℃、-24 ℃时 m/S 值在 PPA 掺量为 0.9%时最大，而在-12 ℃时 m/S 值在掺量为 1.2%时最大。基于老化后低温性能，推荐 PPA 掺量为 0.9%～1.2%，结合老化前 PPA 单一改性沥青的掺量分析，确定 PPA 推荐掺量为 1%。

3.3.1.4　RTFOT 后 PPA 复合改性沥青

对短期老化的 PPA 复合改性沥青进行 BBR 试验，试验结果见表 3-26。同时，为进一步分析 RTFOT 后 PPA 的掺量对改性沥青低温性能的影响，结合表 3-24，采用 m/S 值进行对比，相关数据如图 3-45 所示。

表 3-26　RTFOT 后 PPA 复合改性沥青 BBR 试验结果

沥青类型	PPA 掺量	-12 ℃		-18 ℃		-24 ℃	
		S/MPa	m	S/MPa	m	S/MPa	m
东海-70#	2%SBS	82.4	0.398	187	0.300	470	0.231
	2%SBS+0.3%PPA	81.1	0.394	243	0.325	588	0.246
	2%SBS+0.6%PPA	70.8	0.408	170	0.278	353	0.212
	2%SBS+0.9%PPA	99.3	0.407	184	0.307	517	0.265
	2%SBR	128	0.401	278	0.324	520	0.233
	2%SBR+0.3%PPA	91	0.446	259	0.345	472	0.216
	2%SBR+0.6%PPA	95.6	0.401	347	0.318	626	0.257
	2%SBR+0.9%PPA	117	0.410	229	0.336	596	0.253
昆仑-90#	2%SBS	117	0.398	336	0.341	736	0.233
	2%SBS+0.3%PPA	93.5	0.471	303	0.306	573	0.203
	2%SBS+0.6%PPA	63.8	0.450	226	0.342	552	0.242
	2%SBS+0.9%PPA	101	0.455	296	0.341	252	0.145
	2%SBR	92.9	0.428	315	0.305	651	0.207
	2%SBR+0.3%PPA	106	0.433	290	0.305	442	0.144
	2%SBR+0.6%PPA	80.9	0.461	208	0.330	482	0.249
	2%SBR+0.9%PPA	97.8	0.424	300	0.338	737	0.242

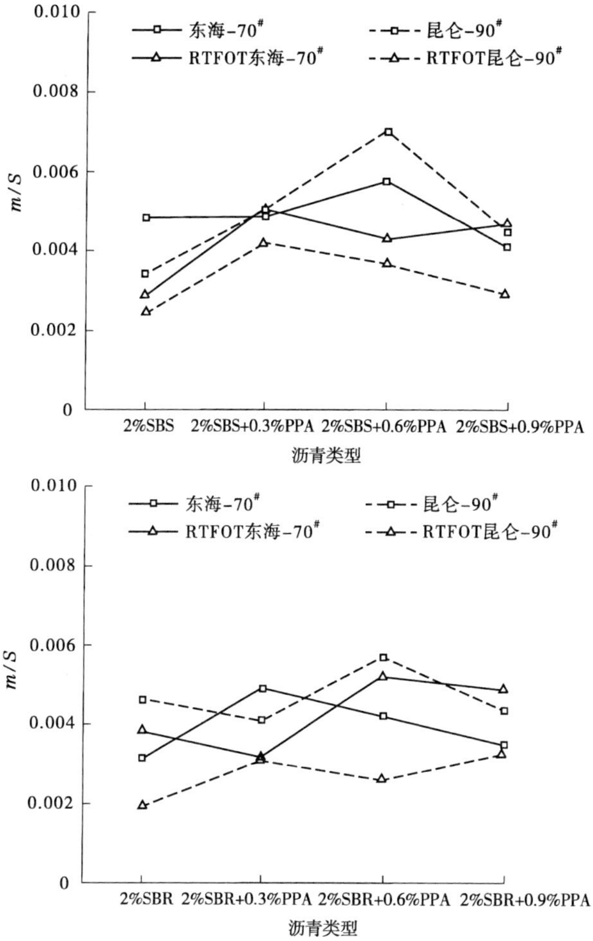

(a) −12 ℃

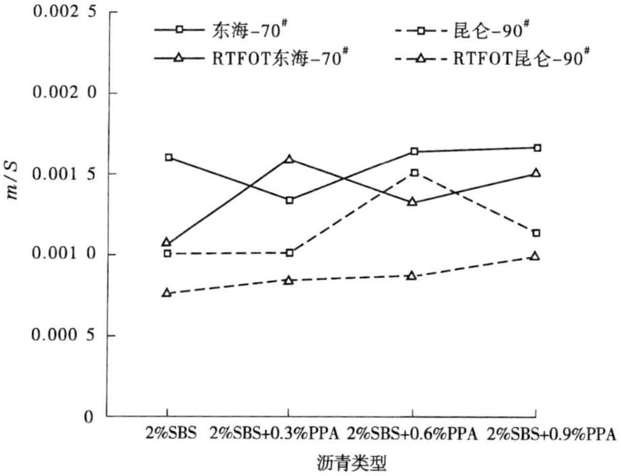

(b) −18 ℃

图 3-45　老化前后 PPA 复合改性沥青的 m/S 值

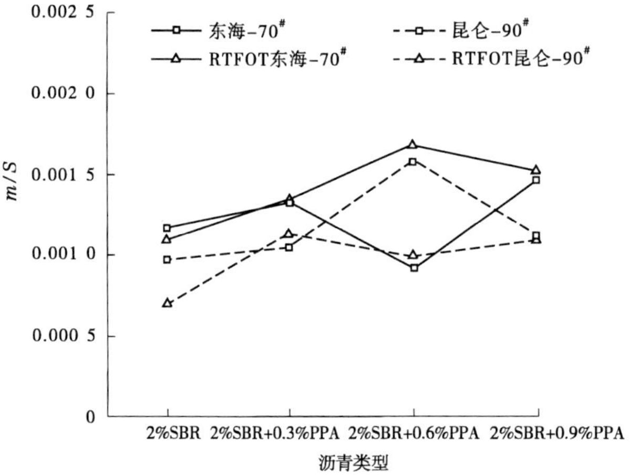
0.002 5
0.002 0
0.001 5
0.001 0
0.000 5
0
m/S
东海-70#
昆仑-90#
RTFOT东海-70#
RTFOT昆仑-90#
2%SBR
2%SBR+0.3%PPA
2%SBR+0.6%PPA
2%SBR+0.9%PPA
沥青类型

续(b)

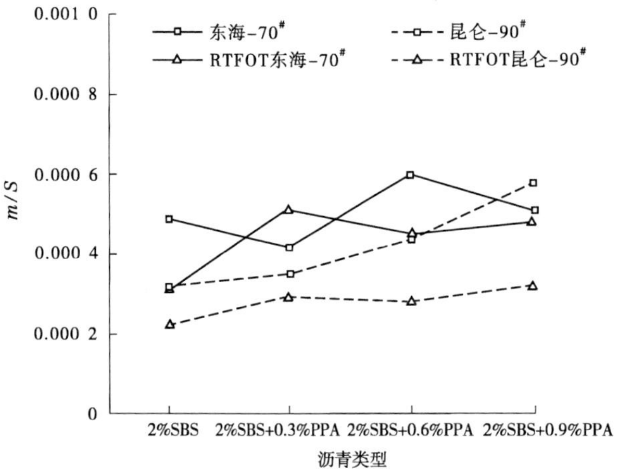
0.001 0
0.000 8
0.000 6
0.000 4
0.000 2
0
m/S
东海-70#
昆仑-90#
RTFOT东海-70#
RTFOT昆仑-90#
2%SBS
2%SBS+0.3%PPA
2%SBS+0.6%PPA
2%SBS+0.9%PPA
沥青类型

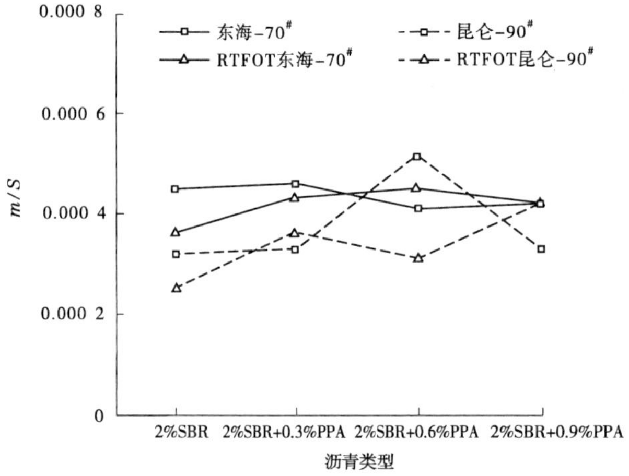
0.000 8
0.000 6
0.000 4
0.000 2
0
m/S
东海-70#
昆仑-90#
RTFOT东海-70#
RTFOT昆仑-90#
2%SBR
2%SBR+0.3%PPA
2%SBR+0.6%PPA
2%SBR+0.9%PPA
沥青类型

(c)-24 ℃

续图 3-45

分析表 3-26、图 3-45 可知：

(1)由表 3-26 可知，老化后 PPA 复合改性沥青的 m 值基本上都比 SBS、SBR 单一改性沥青大，且随着 PPA 掺量的增大，m 值呈现先增大后减小的趋势。表明加入 PPA 后，在一定程度上改善了 SBS、SBR 单一改性沥青的低温性能，究其原因主要是 SBS、SBR 对沥青的改性机制属物理共混，产生吸附溶胀的效果，可提高沥青的低温性能，但老化会使 SBS、SBR 的分子发生变化，改性效果减弱，从而使低温性能下降明显。

(2)由图 3-45 可知，老化后 PPA 复合改性沥青的 m/S 值均随着温度的降低而降低，同时考虑到美国 SHRP 计划要求 S 不得大于 300 MPa，m 不得小于 0.30，即 m/S 值不得小于 0.001，故在−24 ℃时，老化前后 PPA 复合改性沥青 m/S 值均小于 0.001，不建议在此低温下使用 PPA/SBS、PPA/SBR 复合改性沥青。

3.3.2　低温蠕变性能多指标评价

3.3.2.1　k 指标

美国 SHRP 计划中通常采用劲度模量 S 和蠕变速率 m 来表征沥青低温下的蠕变性能，但研究发现有时劲度模量 S 和蠕变速率 m 会出现相悖的情况。陈静云等提出采用蠕变速率与劲度模量的比值，即 m/S 来评价沥青低温蠕变性能，m/S 的值越大说明沥青的低温抗裂性能越好。谭忆秋等经研究发现 k 指标也可以用来综合评价沥青的低温蠕变性能，其与沥青混合料低温性能相关性高，且对不同基质沥青和改性沥青低温性能区分显著，计算式见式(3-4)。k 指标与劲度模量 S 呈正相关关系，即 k 值越小，沥青低温性能越好。

$$k = \frac{S}{m} \tag{3-4}$$

以 60 s 的劲度模量 S 和蠕变速率 m 作为低温评价指标，根据式(3-4)计算不同掺量下 PPA 单一/复合改性沥青的 k 值，结果见表 3-27、表 3-28、图 3-46～图 3-48。

表 3-27　不同掺量的 PPA 单一改性沥青 k 值计算结果

沥青类型	PPA 掺量/%	−12 ℃	−18 ℃	−24 ℃
东海-70#	0.3	132.2	443.3	1 788.1
	0.6	149.2	507.6	1 992.7
	0.9	163.2	554.7	2 119.2
	1.2	191.7	599.5	2 290.8
昆仑-90#	0.3	104.2	440.8	1 952.4
	0.6	106.0	468.9	1 982.8
	0.9	132.9	478.4	2 034.5
	1.2	139.1	485.4	2 130.7

表 3-28　不同掺量的 PPA 复合改性沥青 k 值计算结果

沥青类型	聚合物掺量	PPA 掺量/%	-12 ℃	-18 ℃	-24 ℃
东海-70#	4%SBS	0	127. 5	548. 2	1 710. 1
	2%SBS	0	207. 0	623. 3	2 034. 6
		0. 3	205. 8	747. 7	2 390. 2
		0. 6	173. 5	611. 5	1 665. 1
		0. 9	244. 0	599. 3	1 950. 9
	4%SBR	0	258. 8	774. 6	2 342. 1
	2%SBR	0	319. 2	858. 0	2 231. 8
		0. 3	204. 0	750. 7	2 185. 2
		0. 6	238. 4	1 091. 2	2 435. 8
		0. 9	285. 4	681. 5	2 355. 7
昆仑-90#	4%SBS	0	254. 5	1 078. 5	3 075. 1
	2%SBS	0	294. 0	985. 3	3 158. 8
		0. 3	198. 5	990. 2	2 822. 7
		0. 6	141. 8	660. 8	2 281. 0
		0. 9	222. 0	868. 0	1 737. 9
	4%SBR	0	272. 7	1 017. 9	3 313. 6
	2%SBR	0	217. 1	1 032. 8	3 144. 9
		0. 3	244. 8	950. 8	3 069. 4
		0. 6	175. 5	630. 3	1 935. 7
		0. 9	230. 7	887. 6	3 045. 5

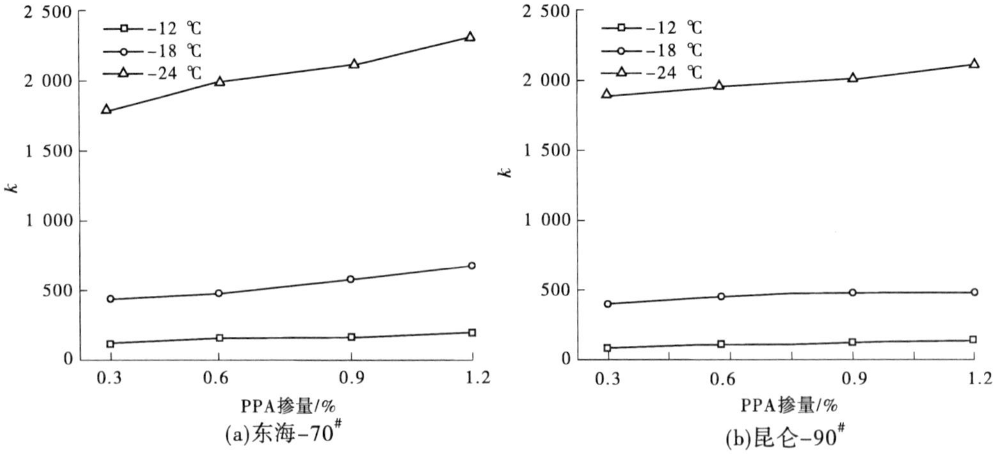

图 3-46　不同掺量的 PPA 单一改性沥青 k 值计算结果

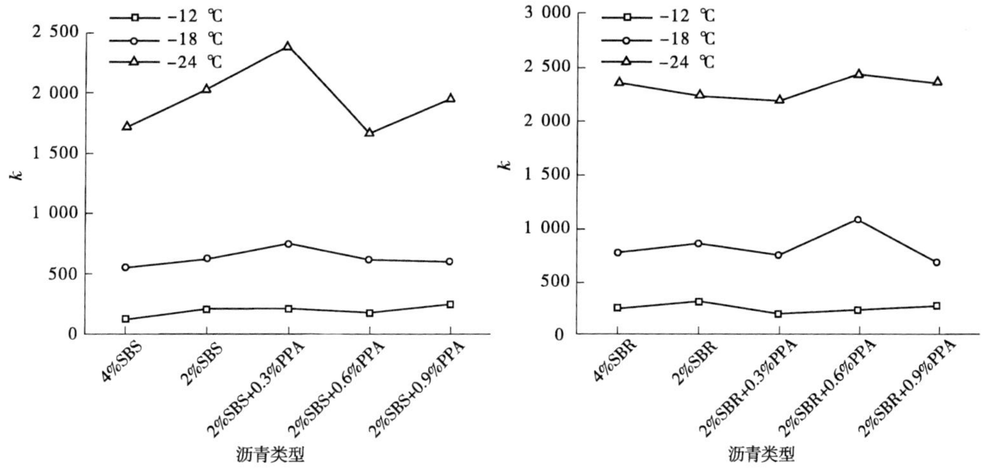

(a)SBS　　(b)SBR

图 3-47　不同掺量的东海-70#/PPA 复合改性沥青 k 值计算结果

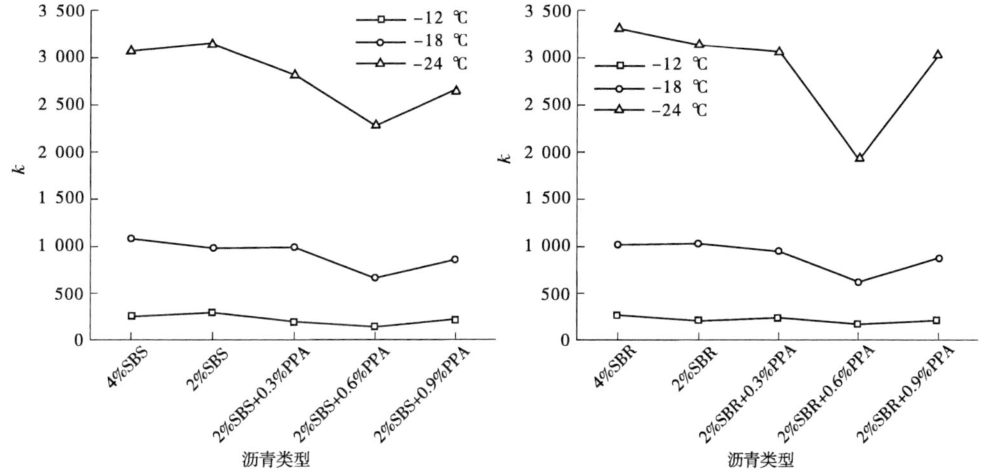

(a)SBS　　(b)SBR

图 3-48　不同掺量的昆仑-90#/PPA 复合改性沥青 k 值计算结果

分析表 3-27、表 3-28 及图 3-46~图 3-48 可知：

(1)如图 3-46 所示，随着 PPA 掺量的增加，不同温度、不同基质沥青的 PPA 单一改性沥青的 k 值都逐渐增大，说明 PPA 掺量的增加，对 PPA 单一改性沥青低温性能具有不利影响，但在-12 ℃和-18 ℃温度下，沥青 k 值上升趋势比较平缓，而在-24 ℃的试验温度下，k 值上升速率较快，说明当温度低于-20 ℃后，方可表现出 PPA 单一改性沥青低温性能的劣势。

(2)如表 3-28、图 3-47、图 3-48 所示，在-12 ℃温度下，4%SBS 或 SBR 掺量的改性沥青 k 值低于 2%SBS 或 SBR 掺量的改性沥青，表明提高聚合物掺量可以提高改性沥青的低温性能。观察图中 k 值的变化趋势，对于东海-70#/PPA 复合改性沥青，随着 PPA 掺量增加，k 值总体呈上升趋势，表明增加 PPA 掺量同样会对复合改性沥青的低温性能有不利影响;对于昆仑-90#/PPA 复合改性沥青,当 PPA 掺量为 0.6%时 k 值出现转折点,此时沥青具有良好的低温性能,推荐昆仑-90#/PPA 复合改性沥青的掺量为 2%SBS+0.6%PPA、2%SBR+0.6%PPA。

3.3.2.2 基于 Burgers 模型的黏性参数 η_1

研究发现只采用 60 s 的劲度模量 S 和蠕变速率 m 来表征沥青低温抗裂性能存在片面性,而通过 Burgers 模型对沥青 BBR 试验全过程进行拟合,可以更好地反映沥青的低温蠕变性能。Burgers 模型同时结合了 Maxwell 和 Kelvin 两种模型的优点,将两参数串联后得到四参数单元模型,如图 3-49 所示。

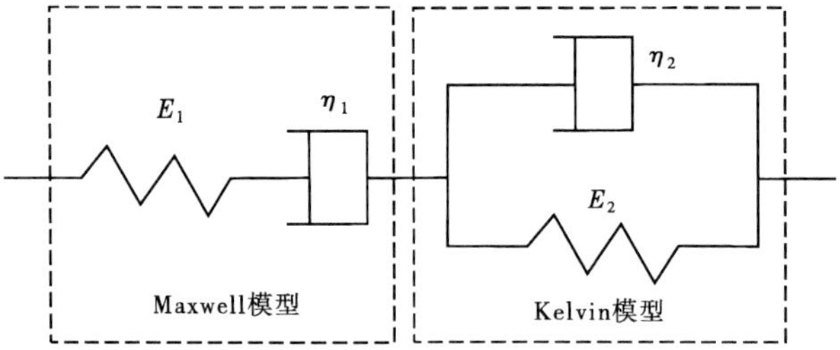

图 3-49 沥青 Burgers 四参数单元模型

根据本构方程推导出 Burgers 模型蠕变柔量的方程,具体如下:

本构方程:

$$\left.\begin{aligned} \sigma = \sigma_1 = \sigma_2 = \sigma_3 \\ \varepsilon = \varepsilon_1 = \varepsilon_2 = \varepsilon_3 \\ [H]\sigma_1 = E_1\varepsilon_1, [K]\sigma_2 = E_2\varepsilon_2, [N]\sigma_3 = \eta_3\varepsilon_3 \end{aligned}\right\} \tag{3-5}$$

Burgers 模型本构方程:

$$\left.\begin{aligned} \sigma + p_1\dot{\sigma} + p_2\ddot{\sigma} = q_1\dot{\varepsilon} + q_2\ddot{\varepsilon} \\ p_1 = (\eta_1E_1 + \eta_1E_2 + \eta_2E_1)/E_1E_2 \\ p_2 = \eta_1\eta_2/E_1E_2 \\ q_1 = \eta_1; q_2 = \eta_1\eta_2/E_2 \\ [M]\varepsilon_1(t) = \frac{\sigma_0}{E_1} + \frac{\sigma_0}{\eta_2}t \\ [K]\varepsilon_2(t) = \frac{\sigma_0}{E_2}(1 - \mathrm{e}^{-\lambda t}) \end{aligned}\right\} \tag{3-6}$$

将[M]和[N]相加即可得到 Burgers 模型蠕变方程:

$$\varepsilon(t) = \frac{\sigma_0}{E_1} + \frac{\sigma_0}{\eta_1}t + \frac{\sigma_0}{E_2}\left(1 - \mathrm{e}^{-\frac{E_2 t}{\eta_2}}\right) \tag{3-7}$$

两边同时除以 σ_0,即可得到蠕变柔量方程:

$$J(t) = \frac{1}{E_1} + \frac{t}{\eta_1} + \frac{1}{E_2}\left(1 - \mathrm{e}^{-\frac{E_2}{\eta_2}t}\right) \tag{3-8}$$

式中：$\varepsilon(t)$为 t 时刻应变，MPa；$J(t)$为蠕变柔量，MPa^{-1}；σ_0 为最大弯拉应力，MPa；E_1 为瞬时弹性模量，MPa；E_2 为延迟弹性模量，MPa；η_1 为黏性流动系数，MPa · s；η_2 为延迟黏性流动系数，MPa · s。

以东海-70#/SBR 单一/复合改性沥青在-12 ℃下的蠕变数据为例，结合 Burgers 蠕变方程，采用非线性方式对蠕变柔量曲线进行拟合，拟合结果如图 3-50 所示。

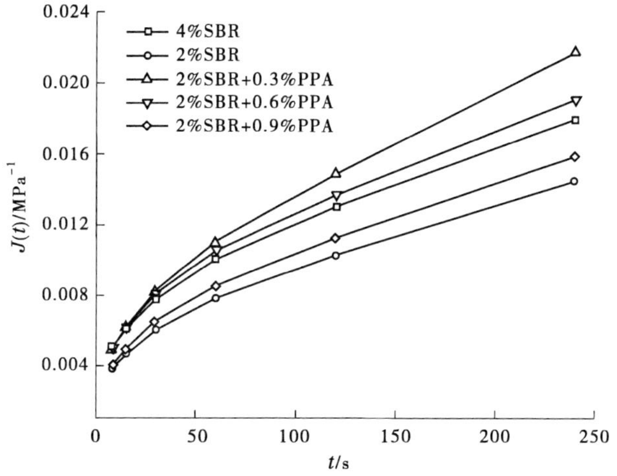

图 3-50　-12 ℃的蠕变柔量曲线

研究发现，Burgers 模型中的黏性流动系数 η_1 可以用来决定沥青的低温变形能力，η_1 越小说明沥青的低温抗裂性能越好。因此，这里以黏性流动系数 η_1 作为评价指标，绘制不同 PPA 掺量、不同温度下的黏性参数变化情况，如表 3-29、图 3-51～图 3-53 所示。

表 3-29　不同试验温度的 PPA 复合改性沥青黏性流动系数 η_1 计算结果

单位：MPa · s

沥青类型	改性剂	-12 ℃	-18 ℃	-24 ℃
东海-70#	4%SBS	12 389. 708	51 172. 975	193 932. 800
	2%SBS	20 438. 851	63 894. 876	217 451. 000
	2%SBS+0. 3%PPA	19 519. 559	71 512. 794	241 303. 300
	2%SBS+0. 6%PPA	16 021. 166	58 959. 470	187 866. 200
	2%SBS+0. 9%PPA	22 762. 461	57 102. 520	197 896. 300
	4%SBR	24 723. 809	83 224. 536	266 042. 200
	2%SBR	29 063. 916	83 592. 450	232 535. 100
	2%SBR+0. 3%PPA	17 593. 049	73 685. 402	239 159. 100
	2%SBR+0. 6%PPA	22 480. 501	105 927. 417	246 335. 600
	2%SBR+0. 9%PPA	26 229. 080	68 896. 410	221 440. 700

续表 3-29

沥青类型	改性剂	−12 ℃	−18 ℃	−24 ℃
昆仑−90#	4%SBS	24 250. 573	106 189. 060	361 533. 000
	2%SBS	27 104. 918	96 241. 160	331 413. 100
	2%SBS+0. 3%PPA	22 403. 097	95 479. 460	300 412. 500
	2%SBS+0. 6%PPA	13 102. 720	60 729. 320	221 632. 600
	2%SBS+0. 9%PPA	18 984. 978	85 906. 930	235 297. 400
	4%SBR	25 308. 250	101 068. 200	337 982. 800
	2%SBR	19 819. 324	100 562. 290	345 229. 100
	2%SBR+0. 3%PPA	21 099. 963	89 008. 930	352 537. 200
	2%SBR+0. 6%PPA	15 283. 729	57 590. 990	194 751. 900
	2%SBR+0. 9%PPA	21 475. 315	85 093. 540	315 429. 300

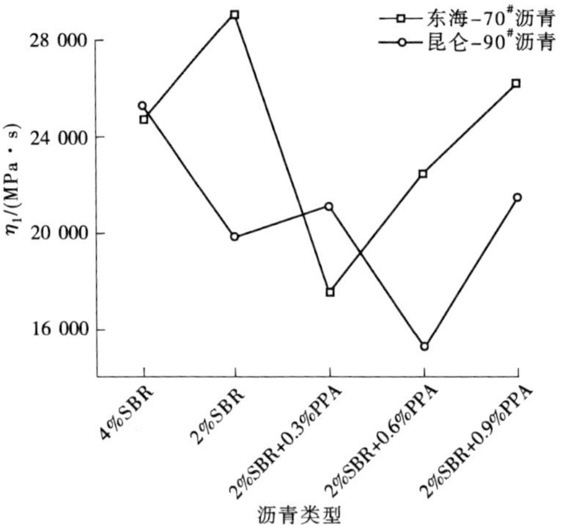

(a) SBR 单一/复合改性沥青

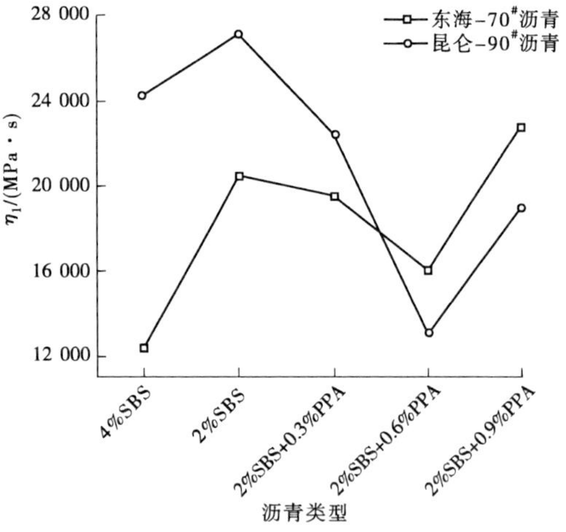

(b) SBS 单一/复合改性沥青

图 3-51　−12 ℃下聚合物单一/复合改性沥青 η_1 随掺量变化情况

分析图 3-51～图 3-53 可知：

在不同试验温度下，昆仑−90#/PPA 复合改性沥青黏性流动系数 η_1 在掺量范围内出现了最低点，说明此时沥青的低温性能最佳，昆仑−90#SBS/PPA、SBR/PPA 复合改性沥青的最佳掺量为 2%SBS+0. 6%PPA、2%SBR+0. 6%PPA；而东海−70#/PPA 复合改性沥青黏性流动系数 η_1 在不同试验温度下并未出现统一标准，因此采用该指标尚不能确定东海−70#/PPA 复合改性沥青的复合最佳掺量。

3. 3. 2. 3　低温综合柔量参数 J_c

Burgers 模型的蠕变方程分为瞬时弹性部分 J_E、延迟弹性部分 J_{De} 和黏性部分 J_V，三者之间的关系见式(3-9)。

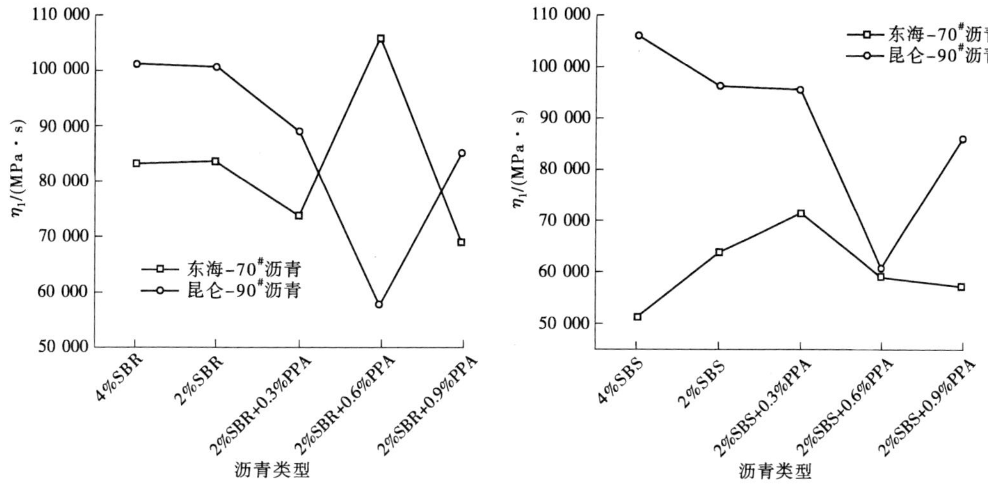

(a) SBR 单一/复合改性沥青　　(b) SBS 单一/复合改性沥青

图 3-52　−18 ℃下聚合物单一/复合改性沥青 η_1 随掺量变化情况

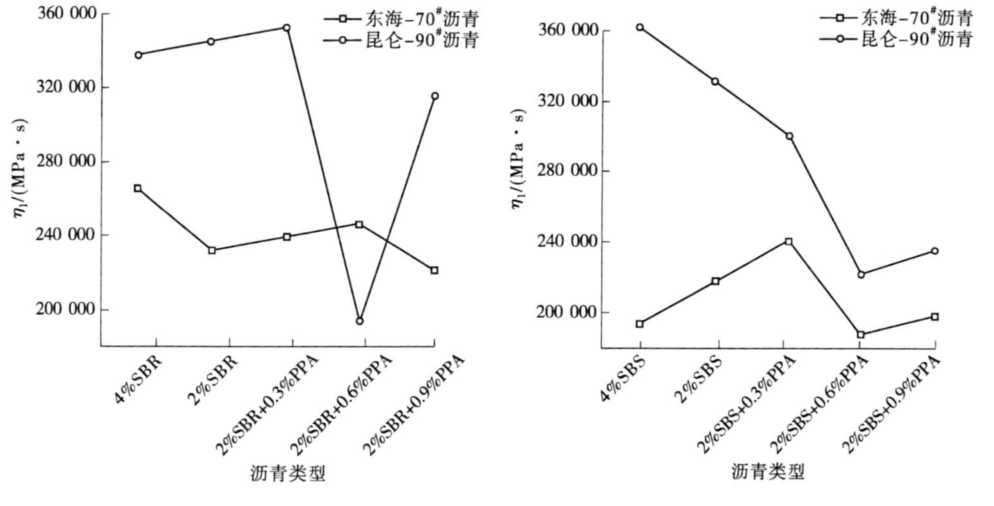

(a) SBR 单一/复合改性沥青　　(b) SBS 单一/复合改性沥青

图 3-53　−24 ℃下聚合物单一/复合改性沥青 η_1 随掺量变化情况

$$\left.\begin{aligned} J(t) &= J_E + J_{De} + J_V \\ J_E = \frac{1}{E_1};\ J_{De} &= \frac{1}{E_2}\left(1 - e^{\frac{-tE_2}{\eta_2}}\right);\ J_V = \frac{t}{\eta_1} \end{aligned}\right\} \tag{3-9}$$

综合柔量参数 J_c 计算是采用 Burgers 模型中黏弹变形比例综合评价沥青的低温性能,计算式见式(3-10)。当温度较低时,沥青会利用自身黏性特性,以流动的方式去除应力松弛,从而减小沥青低温开裂的概率。因此,沥青的综合柔量参数 J_c 越小,其低温性能越强。

$$J_c = 1/\left[J_V \times \left(1 - \frac{J_E + J_{De}}{J_E + J_{De} + J_V}\right)\right] \tag{3-10}$$

不同试验温度下的 PPA 复合改性沥青综合柔量参数 J_c 计算结果见表 3-30、图 3-54~图 3-56。

表 3-30　不同试验温度下的 PPA 复合改性沥青综合柔量参数 J_c 计算结果

单位:MPa^{-1}

沥青类型	改性剂	-12 ℃	-18 ℃	-24 ℃
东海-70#	4%SBS	789.048	3 687.239	25 826.775
	2%SBS	1 412.717	6 091.178	28 055.831
	2%SBS+0.3%PPA	1 310.230	5 875.351	27 598.077
	2%SBS+0.6%PPA	1 012.422	5 698.423	27 814.782
	2%SBS+0.9%PPA	1 454.727	4 952.696	21 152.341
	4%SBR	1 707.853	8 814.863	37 003.771
	2%SBR	1 840.594	6 998.647	29 123.724
	2%SBR+0.3%PPA	946.857	5 861.588	33 806.385
	2%SBR+0.6%PPA	1 475.054	9 014.092	27 050.387
	2%SBR+0.9%PPA	1 635.726	5 794.553	25 692.562
昆仑-90#	4%SBS	1 471.098	8 835.446	55 651.739
	2%SBS	1 749.604	7 703.040	41 652.490
	2%SBS+0.3%PPA	1 491.021	8 403.426	44 051.827
	2%SBS+0.6%PPA	751.764	4 539.391	24 859.823
	2%SBS+0.9%PPA	994.733	6 989.580	61 267.469
	4%SBR	1 529.291	8 348.577	40 774.987
	2%SBR	1 179.996	8 957.723	51 228.271
	2%SBR+0.3%PPA	1 170.975	7 639.170	78 419.411
	2%SBR+0.6%PPA	804.201	4 452.078	21 966.117
	2%SBR+0.9%PPA	1 313.021	6 746.060	37 780.613

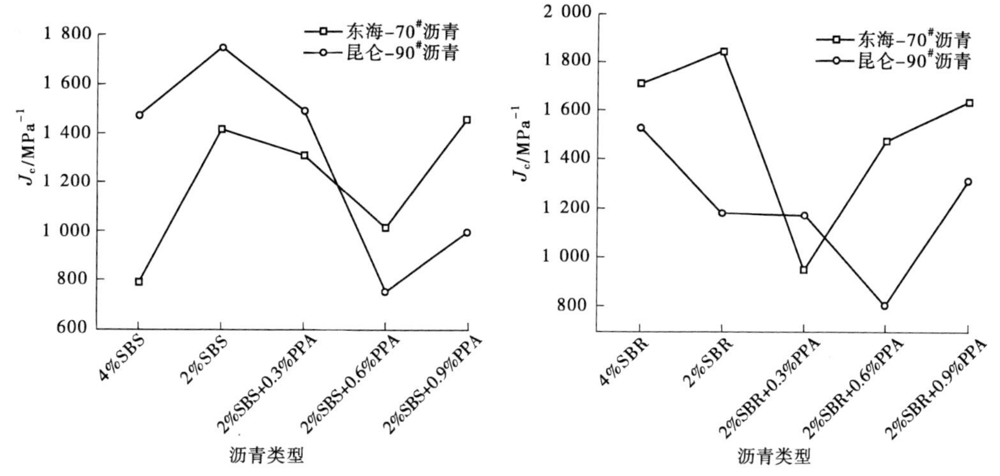

(a) SBS 单一/复合改性沥青　　(b) SBR 单一/复合改性沥青

图 3-54　-12 ℃下聚合物单一/复合改性沥青 J_c 随掺量变化情况

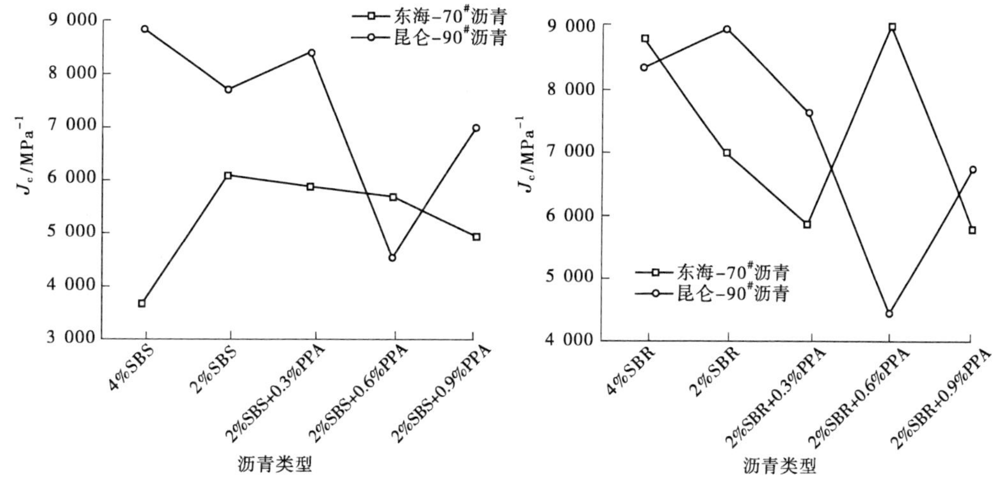

(a) SBS 单一/复合改性沥青　　(b) SBR 单一/复合改性沥青

图 3-55　-18 ℃下聚合物单一/复合改性沥青 J_c 随掺量变化情况

分析表 3-30、图 3-54～图 3-56 可知，不同温度下昆仑-90#PPA 复合改性沥青的推荐掺量为 2%SBS+0.6%PPA、2%SBR+0.6%PPA，与上述 η_1 推荐掺量一致；而东海-70#/PPA 复合改性沥青在不同试验温度下最佳掺量不一致，当温度在-12 ℃时以 0.3%PPA 掺量为最佳掺量，当温度在-18 ℃和-24 ℃时以 0.9%PPA 掺量为推荐掺量，因此这里结合沥青三大指标归一化处理结果，综合得出昆仑-90#/PPA 复合改性沥青的推荐掺量为 2%SBS+0.6%PPA、2%SBR+0.6%PPA。

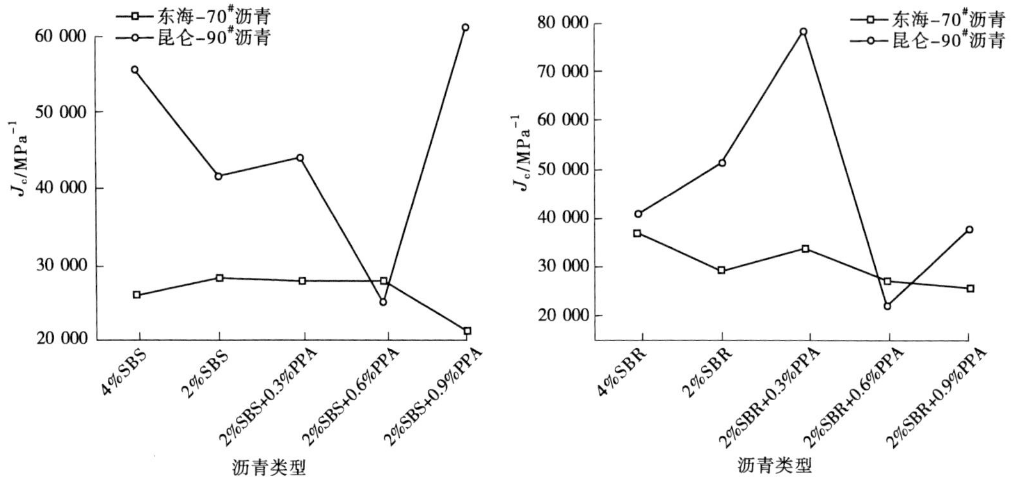

(a)SBS 单一/复合改性沥青　　(b)SBR 单一/复合改性沥青

图 3-56　-24 ℃下聚合物单一/复合改性沥青 J_c 随掺量变化情况

3.4　小　结

本章通过温度扫描试验、MSCR 试验及低温弯曲梁流变试验对 PPA 单一改性沥青及 PPA 复合 SBS、PPA 复合 SBR 改性沥青的原样及 RTFOT 老化后的试样进行高温性能和低温性能的研究，并通过 VTS 法和 GTS 法进行线性拟合，对比分析其感温性能，得到以下结论：

(1)温度扫描试验结果显示，PPA 改性沥青的复数剪切模量和车辙因子明显提升，相位角降低，高温性能变好，在 PPA 掺量 0.6%左右的车辙因子提升幅度较大。经过 RTFOT 老化后，复数剪切模量和车辙因子较原样沥青也呈上升趋势。对于 PPA 复合聚合物改性沥青，可采用 2%SBS(SBR)复合 0.3%～0.6%PPA 以达到 4%SBS(SBR)的效果，从而降低聚合物掺量，降低材料成本。

(2)MSCR 试验结果表明，在同种应力水平下，PPA 的加入对基质沥青和聚合物改性沥青的恢复率 R 值均有显著提高，蠕变柔量 J_{nr} 值有明显降低，从而表明 PPA 对沥青的高温性能有所提升。随着 PPA 掺量逐渐增大，改性沥青性能提升幅度逐渐降低，在复合 PPA 掺量为 0.6%时，其高温抗变形能力与 4%聚合物改性沥青性能相当。PPA/SBS 复合改性沥青的高温抗变形能力优于 PPA 单一改性沥青和 PPA/SBR 复合改性沥青。

(3)老化后 MSCR 结果表明，PPA 改善了基质沥青与聚合物改性沥青的高温性能，与原样 MSCR 试验结果相同。对比老化前后 MSCR 试验结果，经老化后沥青恢复率 R 值较原样沥青有所提高，蠕变柔量 J_{nr} 值有所降低，表明经过老化作用使沥青的抗高温变形能力增强。

(4)GTS 指标和 VTS 指标都可用于评价 PPA 改性沥青的感温性能，两种指标的线性相关系数均达到 0.90 以上。对于同种沥青，GTS 值和 VTS 值都随着 PPA 掺量的增加而减小,且 PPA 可以部分替代聚合物,使沥青达到与聚合物改性沥青相同的感温性能。此外,经过 RTFOT 老化后,PPA 改性沥青的 GTS 值与 VTS 值相较于老化前明显降低,综上说明 PPA 的加入和老化作用都会提高沥青的感温性能,降低温度敏感性。

(5)根据 BBR 试验分析可知,随着 PPA 掺量增加,PPA 单一/复合改性沥青的劲度模量 S 逐渐上升,蠕变速率 m 逐渐下降,说明 PPA 对沥青低温性能存在一定的负面影响。此外,不同试验温度对沥青 BBR 试验结果也存在影响,试验温度越低,不同掺量的 PPA 单一/复合改性沥青之间表现出的差异越不明显。对比 RTFOT 老化前后沥青低温性能,推荐 PPA 单一改性沥青的掺量为 1%,同时 PPA/SBS 复合改性沥青的低温性能优于 PPA/SBS 复合改性沥青。

(6)采用 k 指标、黏性参数 η_1、综合柔量参数 J_c 对 PPA 复合改性沥青的推荐掺量进行多指标评价,结合沥青三大指标归一化处理结果,东海-70#/PPA 复合改性沥青推荐组合为 2%SBS+0.6%PPA、2%SBR+0.6%PPA;昆仑-90#/PPA 复合改性沥青的推荐组合为 2%SBS+0.6%PPA、2%SBR+0.6%PPA。

第 4 章　多聚磷酸改性沥青微观结构及改性机制研究

为探究 PPA 单一/复合改性沥青的改性机制，本书通过扫描电子显微镜(SEM)试验、四组分(SARA)试验、原子力显微镜(AFM)试验、傅里叶红外光谱(FTIR)试验及热分析(TG)试验等，研究分析 PPA 的加入沥青前后的分子组成、微观形貌和热力学性质等方面变化，以此揭示微观层面 PPA 改性沥青的改性机制。

4.1　多聚磷酸改性沥青电镜图像分析

扫描电子显微镜(SEM)基于光电子理论，可在微观层面上清晰深入地观察到待测样品的表面形貌，同时拥有理想的观察视野和景深，具有样品制备简单、不易受到污染、检测迅速等特点，广泛应用于材料学、物理学、化学、生物学等各个领域。如图 4-1 所示，本书采用蔡司 EVO 10 型电子扫描显微镜，探究东海-70#和昆仑-90#基质沥青原样及掺入定量 PPA、SBS、SBR、SBS/PPA、SBR/PPA 后改性沥青的表面微观形态。

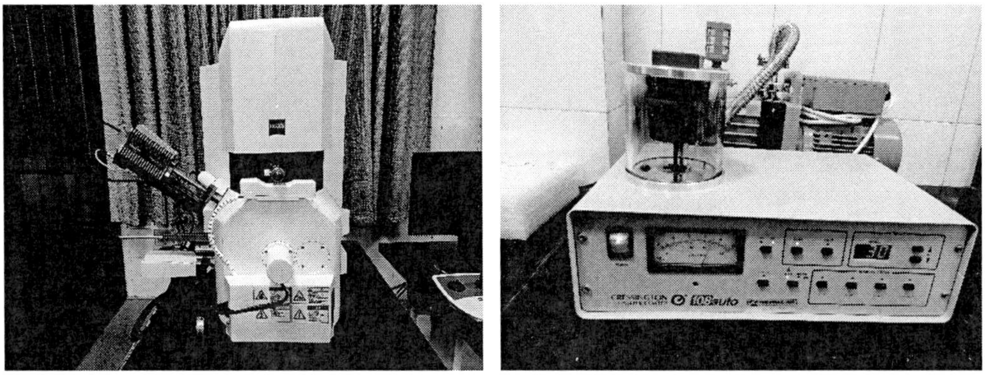

图 4-1　Carl Zeiss 扫描电子显微镜

本节选用东海-70#和昆仑-90#两种基质沥青，制备不同基质沥青下的单一、复合改性沥青，改性剂的种类和掺量分别为 1%PPA、2%SBS、2%SBR、2%SBS+0.6%PPA 和 2%SBR+0.6%PPA，随后将流动状态下的基质沥青及制备完成的改性沥青浇筑成大小厚度合适的圆形试样，室温下冷却成型后喷金，放入 SEM 内进行抽真空处理，在放大倍数为 1.00 kx 下观察拍摄，结果如图 4-2 所示。

分析图 4-2 可知：

(1)东海-70#和昆仑-90#两种基质沥青表面光滑，无颗粒状或网状结构。当掺入 1% PPA 时，沥青样品表面出现分布均匀的微小网状结构[见图 4-2(b)、(h)]，整体上与沥青具有良好的相容性。主流观点认为,沥青分子中的活性基团可与 PPA 发生化学反应,破坏基质沥青中沥青质的胶团结构,从而提升了 PPA 在沥青油分中的分散,形成网状结构以改善基质沥青的流变性能。当掺入 2%SBS、2%SBR 后,沥青样品表面呈现出较大颗粒状结构[见图 4-2(c)、(e)、(i)、(k)],与沥青的相容性较差,其中昆仑-90#与 SBS、SBR

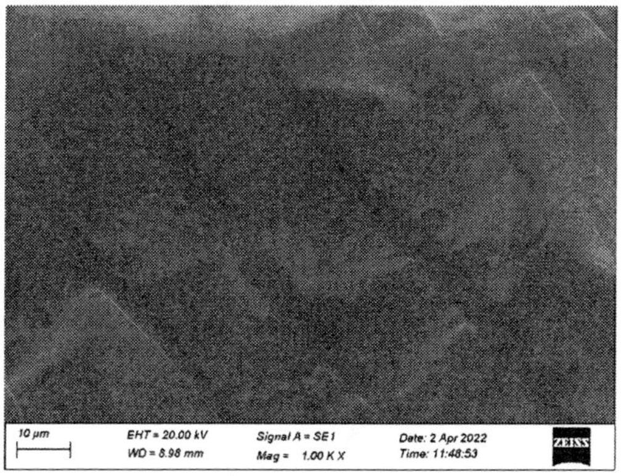

(a)东海-70#

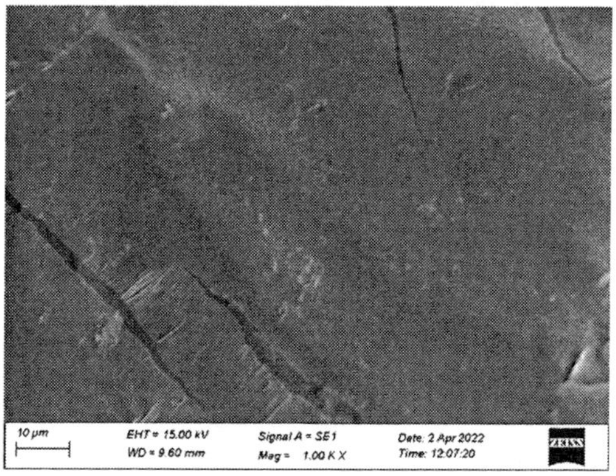

(b)东海-70#+1%PPA

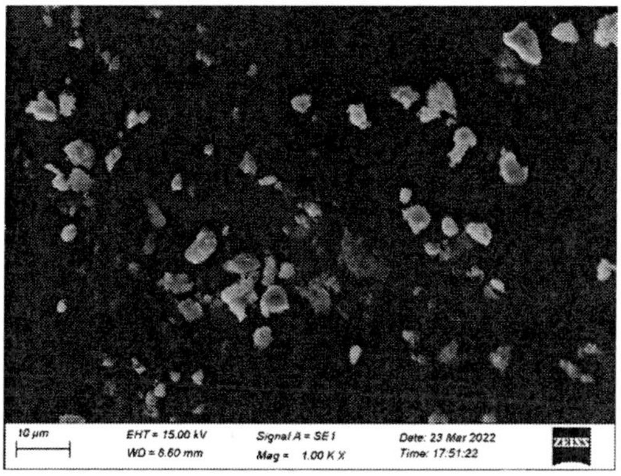

(c)东海-70#+2%SBS

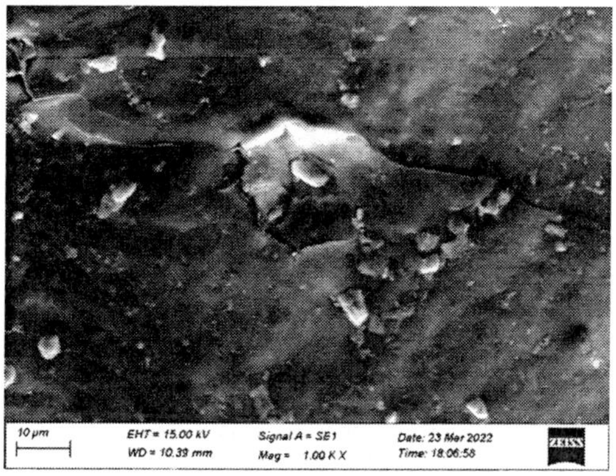

(d)东海-70#+2%SBS+0.6%PPA

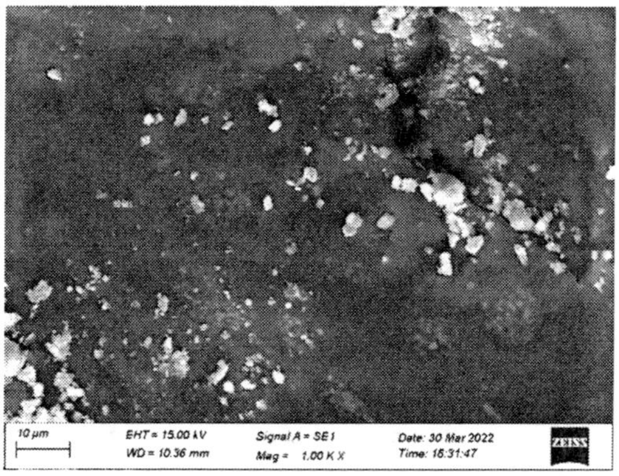

(e)东海-70#+2%SBR

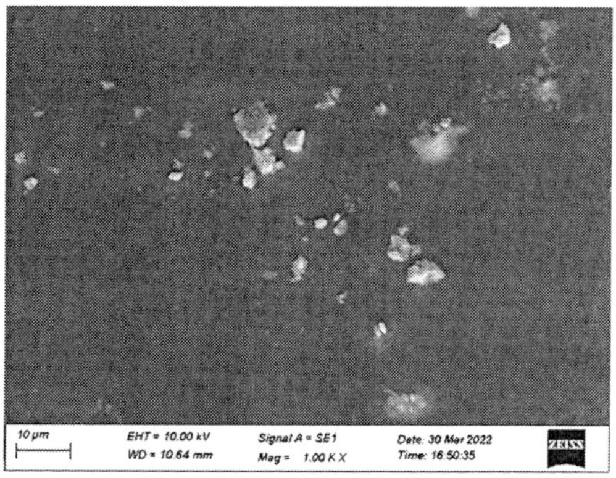

(f)东海-70#+2%SBR+0.6%PPA

图 4-2　基质沥青及改性沥青 SEM 图

(g)昆仑-90#

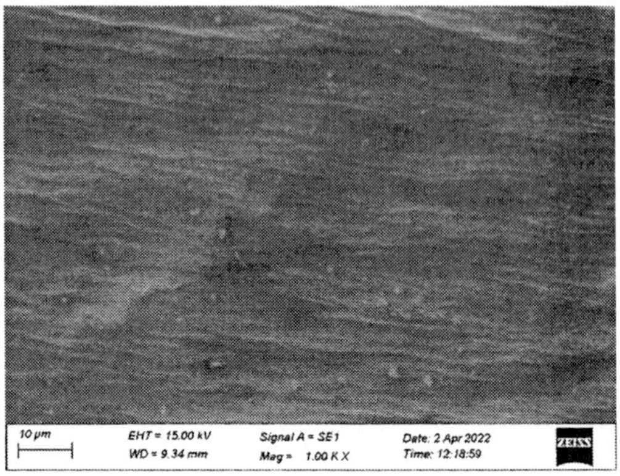

(h)昆仑-90#+1%PPA

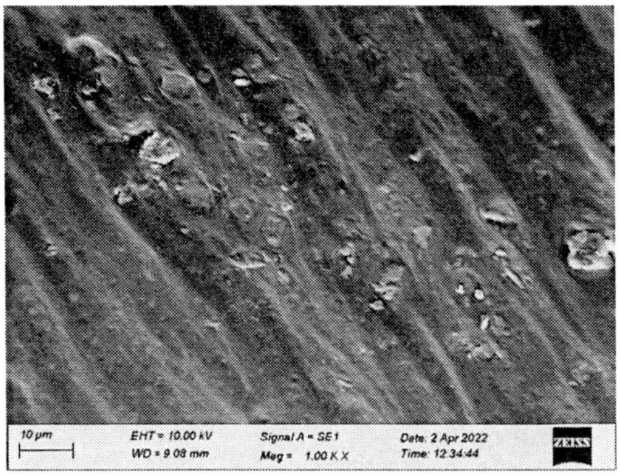

(i)昆仑-90#+2%SBS

(j)昆仑-90#+2%SBS+0.6%PPA

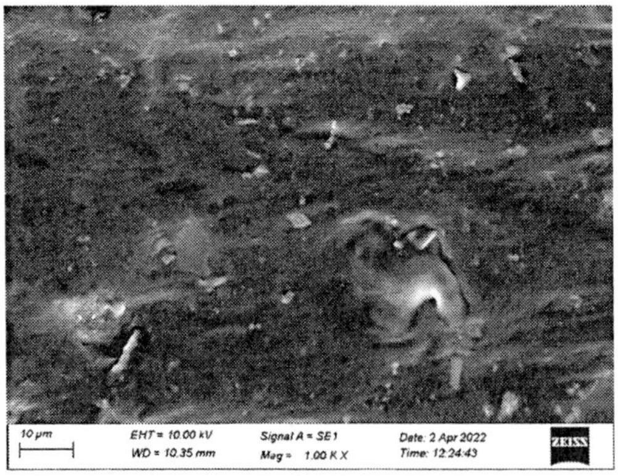

(k)昆仑-90#+2%SBR

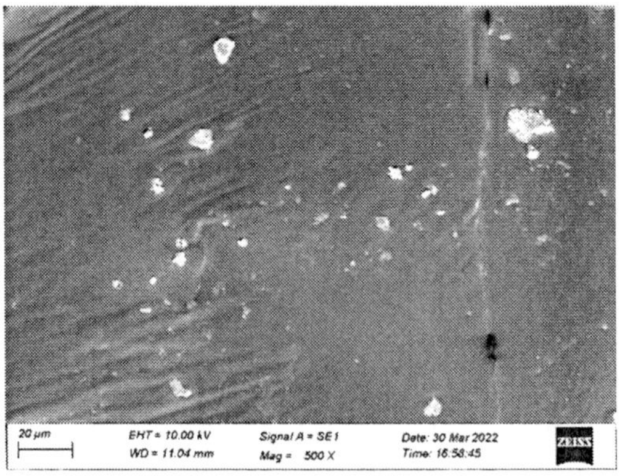

(l)昆仑-90#+2%SBR+0.6%PPA

续图 4-2

的相容性较好,其原因是昆仑-90#四组分中含有较多的油分,而沥青质较少;而且有研究表明,SBS 和 SBR 与油分含量多、沥青质含量少的沥青相容性较好。

(2)当在 2%SBR 或 2%SBS 改性沥青中掺入 0.6%PPA 时,沥青样品表面仍可观察到颗粒结构[见图 4-2(d)、(f)、(j)、(l)],但相较于 SBS 或 SBR 单一改性沥青表面而言,颗粒状尺寸减小,团聚程度降低。表明 PPA 的加入可有效改善 SBS 和 SBR 在沥青中相容性差的问题。其原因可能是 PPA 的掺入较大提升了沥青质的含量,从而促进沥青极性力的增加,破坏了沥青质中的蜡基结构,促进了 SBS 和 SBR 在沥青中的相容。

4.2　多聚磷酸改性沥青四组分分析

4.2.1　沥青四组分介绍

沥青分子结构十分复杂,除含有硫、氧、氮等主要元素外,还包含其他微量元素,采用化学提纯法可以将沥青分离成沥青质(asphaltene)、胶质(resin)、芳香分(aromatics)和饱和分(saturates)4 种化学组分。其中,沥青质为深棕色至黑色固体,平均分子量在 3 400 左右,主要为芳香基缩合环状结构,在沥青中占比较大,沥青质含量会影响沥青的感温性能,沥青质含量越高其感温性能越低,高温抗变形能力越强。饱和分是一种无色液体,平均分子量约 625,其含量主要影响沥青的感温性能和抗老化性能。芳香分是一种黄色至红色的液体,平均分子量约 730,该组分在沥青中占比也较大,其较好的溶解能力可以分散分子量较高的胶质和沥青质,同时提供沥青的黏聚力和黏结力。胶质是一种棕色的黏稠液体,平均分子量约 970,主要作用是促使沥青质均匀地分散于沥青中,且胶质含量会影响沥青的延展性,即胶质含量越多,沥青的延展性越好。本次研究采用上海昌吉地质仪器有限公司生产的 SYD-0618 沥青化学组分试验器和 SYD-0615-1 裂解加热炉对两种基质沥青、PPA 单一/复合改性沥青的四组分进行提取。试验操作依据《公路工程沥青及沥青混合料试验规程》(JTG E20—2011)T 0618—1993,具体试验步骤如下:

(1)称量(1±0.5)g 的沥青溶于 60 mL 的正庚烷溶液后,一并置于加热裂解炉下加热回流 0.5~1 h,待加热结束置于室温下冷却 1.5~2.0 h 后,使用定量滤纸对溶液进行过滤。

(2)将滤纸放入沥青质抽提器中,对滤纸上的残留物再次进行冲洗,直至液滴无色。向第一个锥形瓶中添加 60 mL 甲苯后与抽提器相连,继续抽提 1 h,直至下落的液滴无色,最后将甲苯溶液蒸馏回收,置于(105±5)℃烘箱中烘干至恒重,即可分离出沥青质组分。

(3)在玻璃吸附柱内倒入 40~50 g 活化后的氧化铝,将第一次过滤后的溶液浓缩至 10 mL 左右,倒入玻璃吸附柱内,依次向其中加入正庚烷、甲苯溶液进行洗脱,便可得到饱和分和芳香分溶液。

(4)最后使用甲苯-乙醇 1∶1混合溶液、甲苯溶液和乙醇溶液进行洗脱,得到胶质溶液,最后对洗脱后的各组分溶液进行蒸馏、回收、烘干,即可得到饱和分、芳香分和胶质组分。

沥青四组分含量与其宏观性能变化密切相关,研究发现极性较强的沥青质和胶质是影响黏度的重要成分,轻质组分饱和分和芳香分对沥青低温性能影响显著。

4.2.2　PPA 改性沥青四组分分析

按照上述试验步骤对沥青四组分进行提取,提取的四组分见图 4-3。沥青四组分含量计算式见式(4-1)。

(a)沥青质　(b)饱和分

(c)芳香分　(d)胶质

图 4-3　提取的沥青四组分

$$\left.\begin{aligned} A_s &= \frac{m_1}{m} \times 100 \\ S &= \frac{m_2}{m} \times 100 \\ A_r &= \frac{m_3}{m} \times 100 \\ R &= 100 - A_s - S - A_r \end{aligned}\right\} \tag{4-1}$$

式中：A_s 为沥青质含量(%)；S 为饱和分含量(%)；A_r 为芳香分含量(%)；R 为胶质含量(%)；m 为试样质量，g；m_1 为沥青质量，g；m_2 为饱和分质量，g；m_3 为芳香分质量，g。

根据式(4-1)分别计算两种沥青 PPA 单一/复合改性前后的四组分含量，结果见表 4-1、图 4-4、图 4-5。

分析表 4-1、图 4-4、图 4-5 可知：

(1)两种沥青经 PPA 单一改性后，沥青质和胶质含量发生明显变化，饱和分和芳香分含量变化幅度相对较小，其中沥青质含量分别增加了 11.85%和 7.40%，胶质含量分别降低了 3.98%和 9.15%。一方面是因为沥青质本身为芳香基缩合而成，弱酸性的 PPA 在此过程中会被分解成 $H_2PO_4^-$ 和 H^+，诱发质子化反应，导致沥青质中氢键损失和沥青质解集，

表 4-1　PPA 单一/复合改性沥青四组分试验结果

沥青类型	改性剂	沥青四组分含量/%				胶体指数 CI
		沥青质	饱和分	芳香分	胶质	
东海-70#	—	17.34	22.23	48.47	11.96	1.53
	PPA	29.19	26.44	36.39	7.98	0.80
	SBS	15.09	12.44	47.81	24.66	2.63
	SBS/PPA	17.77	19.34	47.02	15.88	1.69
	SBR	14.61	16.10	47.00	22.29	2.26
	SBR/PPA	17.08	22.25	45.03	15.64	1.54
昆仑-90#	—	7.51	31.80	31.32	29.38	1.54
	PPA	14.91	34.51	30.35	20.23	1.02
	SBS	11.18	28.79	34.99	25.05	1.50
	SBS/PPA	12.83	35.16	36.19	15.82	1.08
	SBR	14.74	35.55	36.77	12.94	0.99
	SBR/PPA	16.13	32.53	35.96	15.38	1.06

解集后的沥青质具有极性，易和 $H_2PO_4^-$ 相互交联形成共价化合物，宏观上表现为沥青质含量增加；另一方面是由于芳香基多环结构状的胶质中的烷基芳香烃物质被分解成不溶于正庚烷的芳香族化合物，并作为沥青质析出，进而导致胶质含量减少、沥青质含量增加。

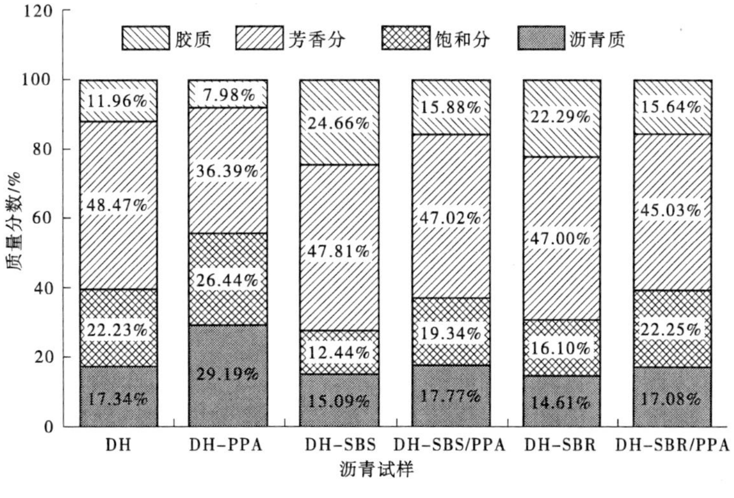

图 4-4　东海-70#PPA 单一/复合改性沥青四组分含量

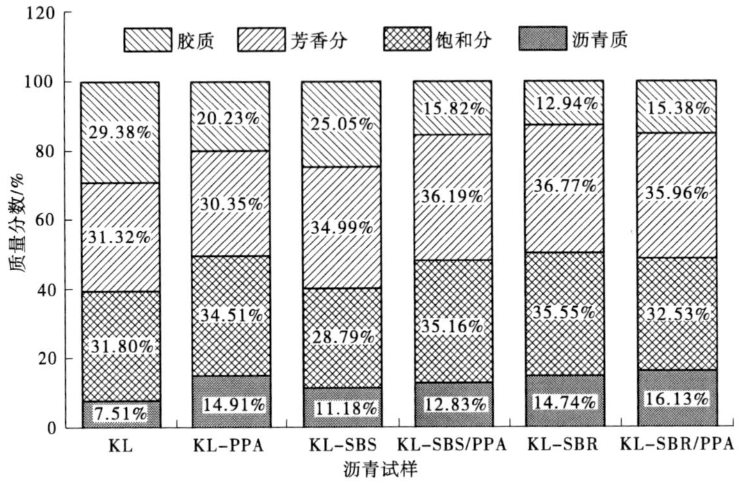

图 4-5　昆仑-90#PPA 单一/复合改性沥青四组分含量

(2)经 SBS、SBR 聚合物改性后,东海-70#沥青的沥青质和芳香分含量几乎无明显变化,饱和分含量的下降幅度与胶质含量的增长幅度近似相同,由此推测聚合物的加入使得沥青中部分饱和分向胶质转化。相反,昆仑-90#沥青的沥青质含量明显增加,而胶质含量明显减少,其原因是昆仑-90#沥青本身所含沥青质含量较少,轻质组分含量较多,聚合物的加入促使一部分胶质向沥青质转化。综上分析发现聚合物的加入,促使沥青中的饱和分向胶质转化,胶质向沥青质转化,最终在宏观上表现为沥青高温性能得到显著提升。

(3)与聚合物改性沥青相比,掺加 PPA 后沥青质和饱和分含量增加,而胶质含量总体上明显减少,说明 PPA 与聚合物共同作用下,同时提高了沥青中重质组分和轻质组分的含量,根据 Robertson et al.、Lesueur et al.、Michalica et al. 的研究,沥青流变性能在某种程度上取决于极性物质含量,其中沥青质就属于强极性分子,因而沥青质含量的增加是导致高温抗车辙能力提高的重要原因。此外,饱和分含量的增加会提高沥青在低温下的韧性,进而避免发生脆断。

(4)胶体指数(CI)可以用来表征沥青中轻质组分对沥青质等组分的溶胶化能力,胶体指数越大说明轻质组分的溶胶能力越强。相较于原样沥青,掺加 PPA 后胶体指数普遍出现下降,说明 PPA 降低了沥青胶体体系的溶胶化能力,使沥青由不稳定的溶胶型结构转化为溶-凝胶型,从而在宏观层面上表现为沥青高温稳定性提升。通过计算 PPA 单一改性前后两种沥青的胶体变化率,东海-70#沥青为 47.7%,昆仑-90#沥青为 33.8%,说明 PPA 对东海-70#沥青的改善效果更佳。

4.3　多聚磷酸改性沥青红外光谱分析

红外光谱来源于分子振动,是由分子振动的能级跃迁引起的,为分子的振动光谱。分子的振动光谱与其他光谱一样,都是由谱带(谱线)组成的,表征每一谱带的 3 个最基本的掺量是谱带的频率(位置)、强度和带形。分子振动光谱谱带出现的多少,每一谱带的频率、强度与带形，除受外部试验条件的一定影响外，都与分子本身的化学结构、空间几何结构、分子内的力场结构、电子云分布状况和原子核的性质等密切相关。

目前，常用的有傅里叶变换红外光谱仪和色散型红外光谱仪两种仪器，其中傅里叶变换红外光谱仪因快的扫描速度、高的分辨率及高的灵敏度等优点被广泛应用。按照光谱与分子结构，红外光谱图分为官能团区和指纹区。其中，官能团区的波数为 1 330~4 000 cm^{-1}，它是基团鉴定主要区域，反映各分子中特征官能团的振动；而指纹区是指波数在 400~1 330 cm^{-1}，反映分子结构的微小变化，且吸收的光谱比较复杂。

本书采用 Nicole iS50 傅里叶红外光谱仪，如图 4-6 所示。波长范围为 400~4 000 cm^{-1}，对基质沥青、PPA 单一/复合改性沥青、聚合物改性沥青等 12 种沥青试样进行试验，采集中红外区光谱图。

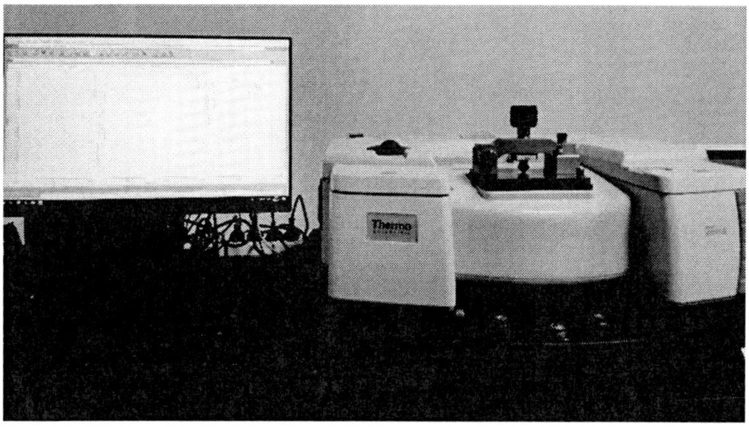

图 4-6　Nicole iS50 傅里叶红外光谱仪

4.3.1　基质沥青红外光谱图分析

基质沥青试样红外光谱图如图 4-7 所示，可以看出：两种基质沥青在 2 920 cm^{-1} 和 2 850 cm^{-1} 附近有两个强吸收峰，东海-70[#] 沥青在波数为 2 924. 18 cm^{-1} 和 2 853. 13 cm^{-1}，昆仑-90[#] 基质沥青在波数为 2 923. 90 cm^{-1} 和 2 853. 69 cm^{-1}，是长链烷基—CH_2—中 C—H 键的反对称和对称伸缩振动引起的吸收峰；图 4-7(a) 中 1 603. 51 cm^{-1} 可能是 NH_2 变角振动的结果，图 4-7(b) 中 1 650. 24 cm^{-1} 是羰基 C ═ O 键反对称伸缩振动峰；在图 4-7(a) 中 1 459. 93 cm^{-1} 和图 4-7(b) 中 1 459. 03 cm^{-1} 的吸收峰是由 —CH_3 的不对称收缩引起的；在图 4-7(a) 中 1 376. 61 cm^{-1} 和图 4-7(b) 中 1 375. 89 cm^{-1} 的吸收峰是—CH_3 变角振动所引起的，且具有特征性；在图 4-7(a) 中 1 019. 57 cm^{-1} 和图 4-7(b) 中 1 031. 69 cm^{-1} 的吸收峰对应于芳香酸酯 C—O 伸缩振动；在 1 000 cm^{-1} 以下的指纹区也存在吸收峰，这主要是因为不饱和 C—H(═ C—H) 面外摇摆振动所致。

4.3.2　PPA 改性剂红外光谱图分析

磷酸含量为 110%的 PPA 改性剂红外光谱图如图 4-8 所示。可知 PPA 在 3 609. 88 cm^{-1} 处的吸收峰对应于—OH 的吸收峰；3 173. 60 cm^{-1} 处对应的是 PO—H 伸缩振动，其

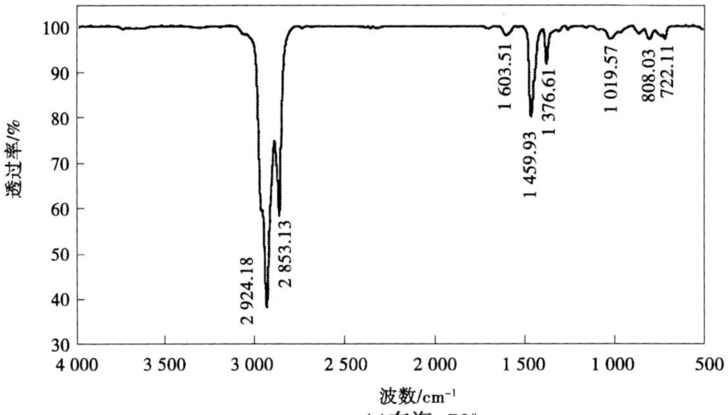

(a)东海-70#

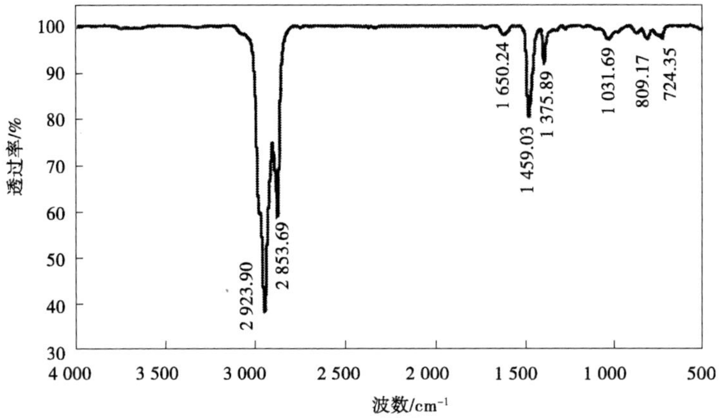

(b)昆仑-90#

图 4-7　不同基质沥青红外光谱图

峰的特征是弥散、宽峰；2 354. 44 cm^{-1} 处是 P—H 伸缩振动引起的；1 731. 20 cm^{-1} 处是饱和脂肪酸酯 C =O 伸缩振动引起的；1 711 cm^{-1} 和 1 690 cm^{-1} 附近对应的是芳香醛 C = O 伸缩；1 239. 81 cm^{-1} 处的吸收峰对应于羧基 P = O 伸缩振动，929. 43 cm^{-1} 处吸收峰对应于 P—O—P 伸缩振动。

4. 3. 3　聚合物改性沥青红外光谱图分析

SBS、SBR 改性沥青红外光谱图如图 4-9～图 4-11 所示。为区分和比较不同改性沥青红外光谱结果，现用不同线型标明不同类型改性沥青光谱图。

分析图 4-9～图 4-11 可知：

(1)如图 4-9 所示，相较于昆仑-90#基质沥青，2%SBS 和 2%SBR 改性沥青未出现新的官能团吸收峰，表明 SBS、SBR 与 90#基质沥青未产生新的官能团，未发生化学反应。在 2 920 cm^{-1} 和 2 850 cm^{-1} 附近出现强吸收峰，主要对应于 —CH_2 中 C—H 的伸缩振动；在 1 600 cm^{-1} 附近产生吸收峰，主要是双键(C = C) 伸缩振动引起；在 1 455 cm^{-1} 和 1 376 cm^{-1} 附近的吸收峰是由于 C—H 面内弯曲吸收峰；在 810 cm^{-1} 和 722 cm^{-1} 产生的吸收峰

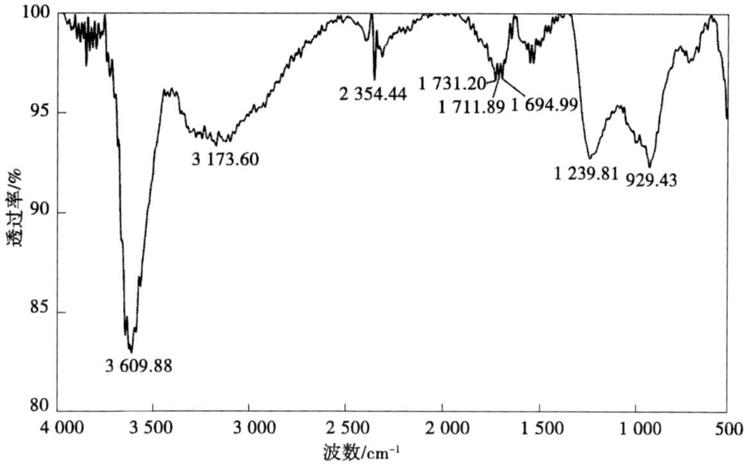

图 4-8　PPA-110 红外光谱图

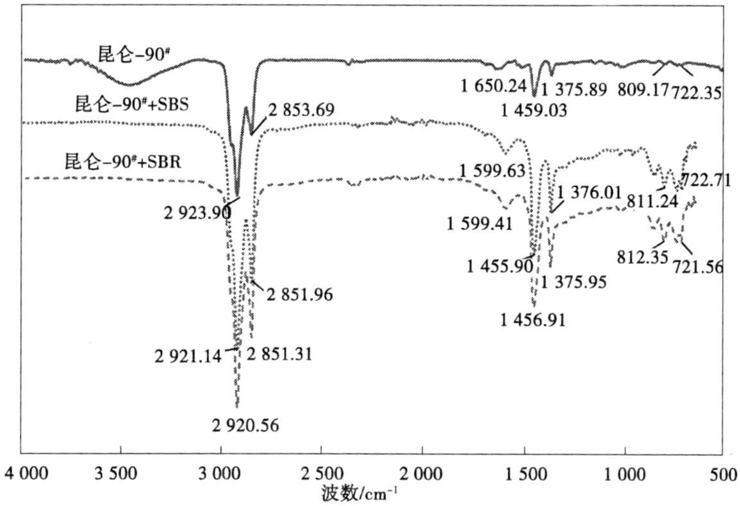

图 4-9　昆仑-90#基质沥青和 SBS、SBR 改性沥青红外光谱结果

对应于苯环特征峰。

(2)如图 4-10 所示,东海-70#沥青+2%SBS 和东海-70#沥青+2%SBR 吸收峰趋势大体一致,仅在 2 359 cm^{-1} 附近出现一个弱的吸收峰,表明 SBS、SBR 与东海-70#基质沥青在此处发生了化学反应,生成了新的化合物。在指纹区(1 333~400 cm^{-1})内东海-70#/SBS、SBR 改性沥青和昆仑-90#/SBS、SBR 改性沥青的吸收峰基本一致;在官能团区(4 000~1 333 cm^{-1})除了在 2 358 cm^{-1}、2 360.46 cm^{-1} 相对于东海-70#基质沥青有弱的吸收峰,其他红外吸收情况一致。

(3)如图 4-11 所示,SBS、SBR 改性沥青的红外吸收情况大致相同。其中,SBS 改性沥青中 2 920.83 cm^{-1} 和 2 921.14 cm^{-1} 附近出现强吸收峰,主要对应于—CH_2 伸缩振动;808.53 cm^{-1} 与 811.24 cm^{-1} 附近的吸收峰主要是苯环的特征吸收峰,由于苯环中 C—H 键的伸缩振动;在双键两侧的 C—H 键弯曲形成的吸收峰在 1 030.56 cm^{-1} 处。SBR 改性

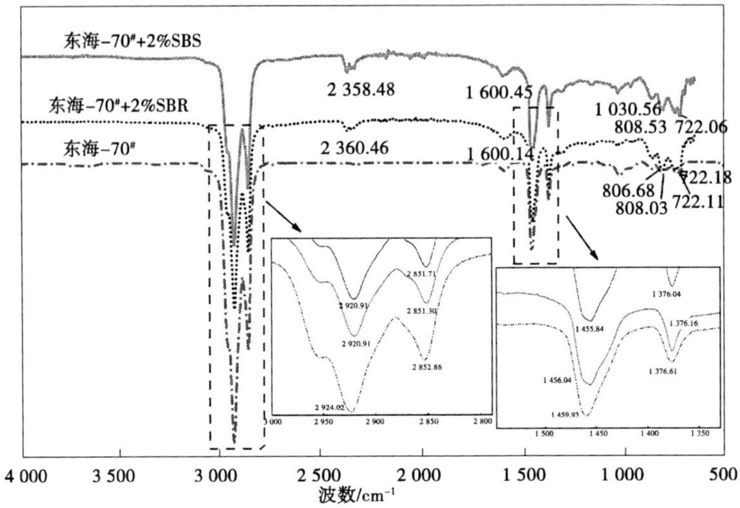

图 4-10　东海-70#和 SBS、SBR 改性沥青红外光谱结果

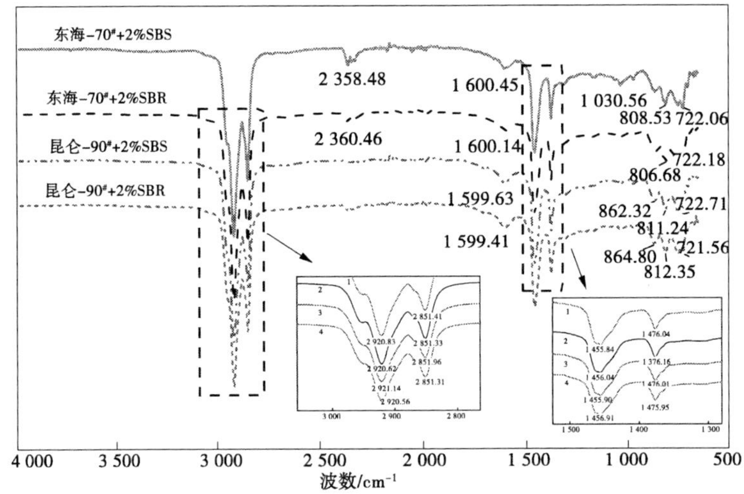

图 4-11　SBS、SBR 改性沥青红外光谱图

沥青的红外光谱图,由于 SBR 具有丁二烯与苯乙烯两种物质的性质,所以苯环上不同平面的 C—H 键扭曲变形在 722. 18 cm^{-1} 和 721. 56 cm^{-1} 出现振动吸收峰。

4. 3. 4　PPA 复合改性沥青红外光谱分析

PPA/SBS、PPA/SBR 复合改性沥青红外光谱结果如图 4-12、图 4-13 所示。为探究 PPA/SBS、PPA/SBR 复合改性沥青分子结构和官能团的变化,选取 1%PPA 改性沥青及 2%SBS+0. 6%PPA、2%SBR+0. 6%PPA 复合改性沥青进行红外光谱试验。4. 3. 3 节已对 SBS、SBR 改性沥青红外光谱进行了分析,现主要是分析 PPA 的加入对改性沥青分子结构和官能团的影响。

分析图 4-12、图 4-13 可知:

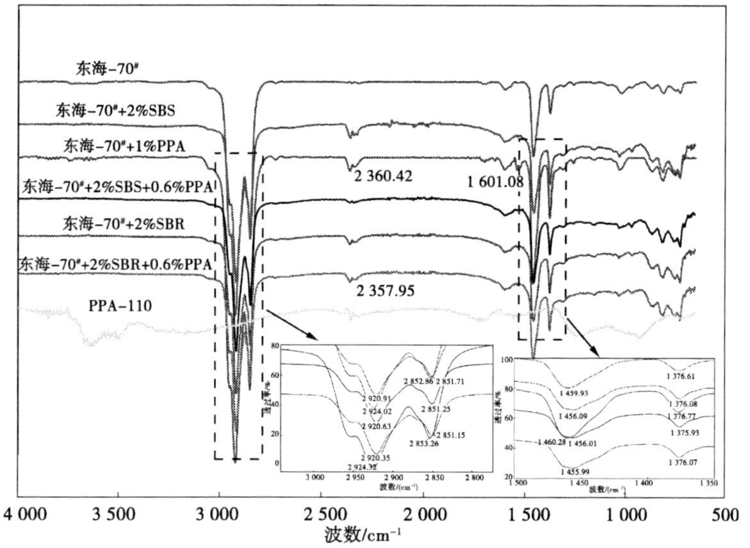

图 4-12　东海-70#/PPA 复合改性沥青红外光谱图

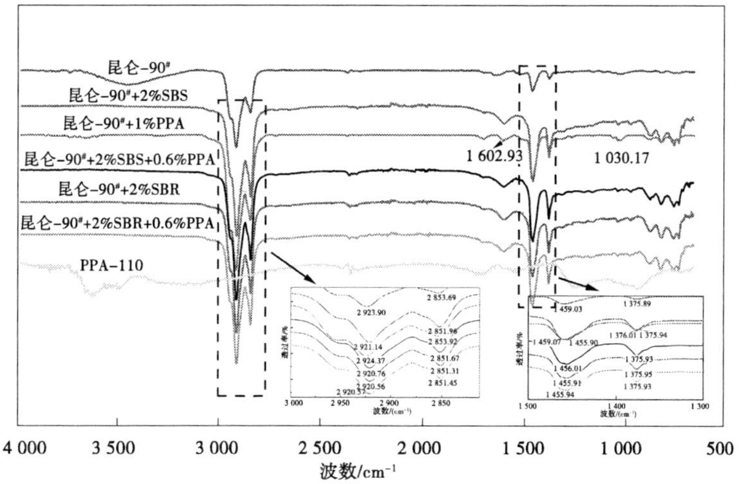

图 4-13　昆仑-90#/PPA 复合改性沥青红外光谱图

(1)基质沥青加入 PPA 改性剂后,不同基质沥青红外吸收情况不同。基质沥青在 3 400~3 900 cm^{-1} 处有吸收峰,对应于 —OH 振动,同时这也是 PPA 的强振动区域;东海-70#基质沥青在 2 360.42 cm^{-1} 处出现新的特征峰,对应于 P—H 键伸缩振动的吸收峰;1 030 cm^{-1} 附近产生新的吸收峰,正对应亚砜基 S ═ O 特征峰;昆仑-90#基质沥青也在 1 030 cm^{-1} 处产生了新的特征峰,其余位置均无明显的吸收峰变化。表明不同基质沥青加入 PPA 改性剂后,发生了化学反应,且基质沥青种类不同,产生的化合物不相同。

(2)加入 PPA 后,基质沥青不同阶段的特征峰发生了变化。2 920 cm^{-1} 和 2 850 cm^{-1} 附近出现的强吸收峰—CH_2 的 C—H 不对称及对称伸缩振动吸收峰,1 456 cm^{-1} 和 1 375 cm^{-1} 附近的吸收峰为 C—H 面内弯曲振动吸收峰。950 cm^{-1} 附近的新吸收峰,正好是 PPA 中酯类 P—O—C 对称收缩所引起的;在 1 030.17 cm^{-1} 处出现亚砜基 S ═ O 特征峰,1 601 cm^{-1} 附近正对应 C ═ C 双键的伸缩振动。

(3)由图 4-12 可知,PPA/SBS、PPA/SBR 加入东海-70#基质沥青后,改性沥青红外吸收情况与基质沥青相比,只是在 2 357 cm^{-1} 附近出现对应于—CH_2 的吸收峰,其位置大体相同,只是峰值强度稍微发生变化;如图 4-13 所示,PPA 加入昆仑-90#/SBS 改性沥青后,在官能团区(1 333~4 000 cm^{-1})基本没有出现新的特征峰;而在 800~1 000 cm^{-1} 范围处出现波峰强度的显著变化,这可能是因为 SBS 是不相溶体系,经过分析,此处是聚苯乙烯和聚丁二烯红外光谱的物理叠加,故吸收峰的位置和强度保持不变,无其他新的特征峰出现。

4.4 小　结

采用 SEM 等试验方法,对 PPA 单一/复合改性沥青的微观形貌和微观结构进行直观分析;从沥青四组分、改性沥青机制等出发,利用 SARA、FTIR 等试验,对 PPA 单一/复合改性沥青沥青改性机制、热稳定性等进行探究,得到如下结论:

(1)基于 SEM 试验结果,PPA 与基质沥青的相容性较好,PPA 加入到 SBS、SBR 改性沥青中,沥青样品表面仍可观察到颗粒结构,但颗粒状尺寸减小,团聚程度降低,表明 PPA 的加入有利于改善 SBS 和 SBR 的相容性。

(2)利用 SARA 试验分析沥青四组分,PPA 加入后沥青胶体指数下降,沥青由不稳定的溶胶型结构转化为溶-凝胶型,从而在宏观层面上表现为沥青高温稳定性提升。对比东海与昆仑两种沥青,发现 PPA 单一改性后,东海-70#沥青的胶体变化率略大于昆仑-90#沥青,说明 PPA 对东海-70#沥青的改性效果更佳。

(3)FTIR 试验得出东海-70#基质沥青在 1 030 cm^{-1} 附近产生新的吸收峰,昆仑-90#基质沥青也在 1 030 cm^{-1} 处产生了新的特征峰,其余位置均无明显的吸收峰变化。表明不同基质沥青加入 PPA 改性剂后,发生了化学反应,且基质沥青种类不同,产生的化合物不相同。PPA 加入 SBS、SBR 改性沥青后,没有出现新的吸收峰,表明 SBS、SBR 与沥青是物理共混。

第 5 章　多聚磷酸改性沥青混合料性能研究

为研究 PPA 改性沥青在混合料中的性能表现,本章分别对 1%PPA 单一改性沥青,2%SBS、2%SBR 和 0.6%PPA 复合改性沥青进行混合料相关试验,采用马歇尔设计方法进行 AC-13 型矿料级配设计,确定最佳油石比。同时,基于车辙试验、小梁弯曲试验、浸水马歇尔试验和冻融劈裂试验,对 PPA 单一/复合改性沥青混合料的高温性能、低温性能及水稳定性进行研究。

5.1　沥青混合料配合比设计

5.1.1　集料技术指标

本次研究选用石灰岩碎石作为粗、细集料,石灰岩磨细矿粉作为填料,各项目主要技术指标试验结果见表 5-1、表 5-2。

表 5-1　石灰岩粗、细集料各项目技术指标试验结果

集料	试验项目	单位	试验结果	技术要求	试验方法
粗集料	表观相对密度	—	2.720	≥2.50	T 0304
	毛体积密度	g/cm^3	2.678	—	T 0304
	吸水率	%	0.59	≤3.0	T 0304
	针片状含量	%	13.4	≤15	T 0312
	洛杉矶磨耗值	%	12.5	≤30	T 0317
	压碎值	%	26.4	≤28	T 0316
	软石含量	%	2.7	≤5	T 0320
细集料	表观相对密度	—	2.690	≥2.50	T 0328
	砂当量	%	70	≥60	T 0334
	棱角性	s	32.1	≥30	T 0345
	亚甲蓝值	g/kg	2	≤25	T 0349

表 5-2　石灰岩矿粉各项目技术指标试验结果

试验项目		单位	检验结果	技术要求	试验方法
表观密度		t/m^3	2.680	≥2.50	T 0352
含水量		%	0.2	≤1	T 0103 烘干法
粒度范围	<0.6 mm	%	100	100	T 0351
	<0.15 mm		95.9	90~100	
	<0.075 mm		84.1	75~100	
亲水系数		—	0.6	<1	T 0353
塑性指数		%	3.5	<4	T 0354
外观		—	无团粒结块	无团粒结块	—

5.1.2　沥青混合料技术要求

本次研究以夏炎热区(1-4)为气候设计分区,按照高速公路、一级公路重载交通设计标准对 PPA 单一/复合改性沥青混合料进行设计,以下汇总了 AC-13 型密级配沥青路面各项指标的技术要求,如表 5-3 所示。

表 5-3　AC-13 型沥青混合料各项指标试验标准

试验指标	单位		技术要求
空隙率 VV	%		4~6
稳定度 MS	kN		≥8
流值 FL	mm		1.5~4
		设计空隙率/%	
矿料间隙率 VMA	%	2	≥12
		3	≥13
		4	≥14
		5	≥15
		6	≥16
沥青饱和度 VFA	%	—	65~75
浸水马歇尔残留稳定度	%	普通沥青混合料	≥80
		改性沥青混合料	≥85
冻融劈裂残留强度比	%	普通沥青混合料	≥75
		改性沥青混合料	≥80

5.1.3　级配组成

本次研究结合夏炎热区、高速公路重载交通设计指标，采用 AC-13 型矿料级配设计，表 5-4 为 PPA 单一/复合改性沥青混合料的级配设计，图 5-1 为矿料级配设计曲线。

表 5-4　AC-13 沥青混合料级配组成设计

级配	通过以下各筛孔(mm)的质量百分率/%									
	16	13.2	9.5	4.75	2.36	1.18	0.6	0.3	0.15	0.075
上限	100	100	85	68	50	38	28	20	15	8
下限	100	90	68	38	24	15	10	7	5	4
中值	100	95	76.5	53	37	26.5	19	13.5	10	6
设计级配	100	97	80	61	40	25	16	11	7	5

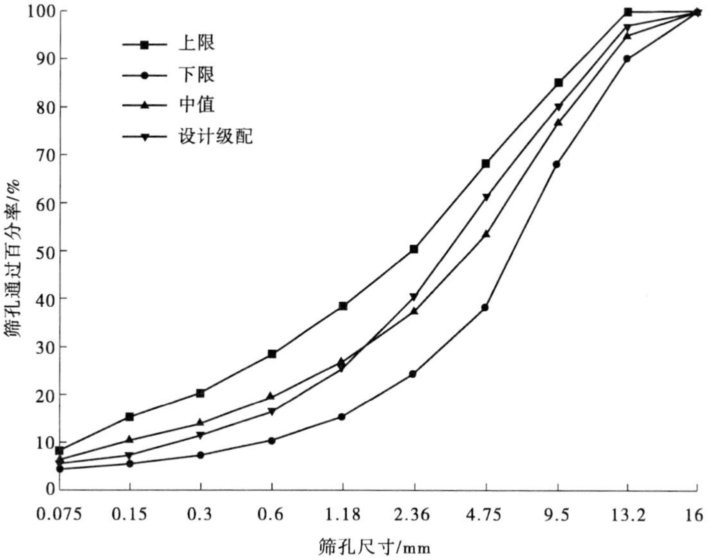

图 5-1　AC-13 沥青混合料级配曲线

5.1.4　最佳油石比确定

基于沥青混合料马歇尔试验，确定东海-70#和昆仑-90#两种基质沥青及 PPA 单一/复合改性沥青、SBS 和 SBR 改性沥青的最佳油石比，以东海-70#沥青混合料为例，图 5-2 为最佳油石比确定方法。

从图 5-2 中分析可知，毛体积密度和稳定度最大值及空隙率和饱和度范围中值所对应的 a_1、a_2、a_3、a_4 分别为 5.62%、5.34%、4.86%、5.07%，计算 $OAC_1=(a_1+a_2+a_3+a_4)/4=5.22\%$，$OAC_{min}=4.87\%$，$OAC_{max}=5.10\%$，计算 $OAC_2=(OAC_{min}+OAC_{max})/2=4.99\%$，最终

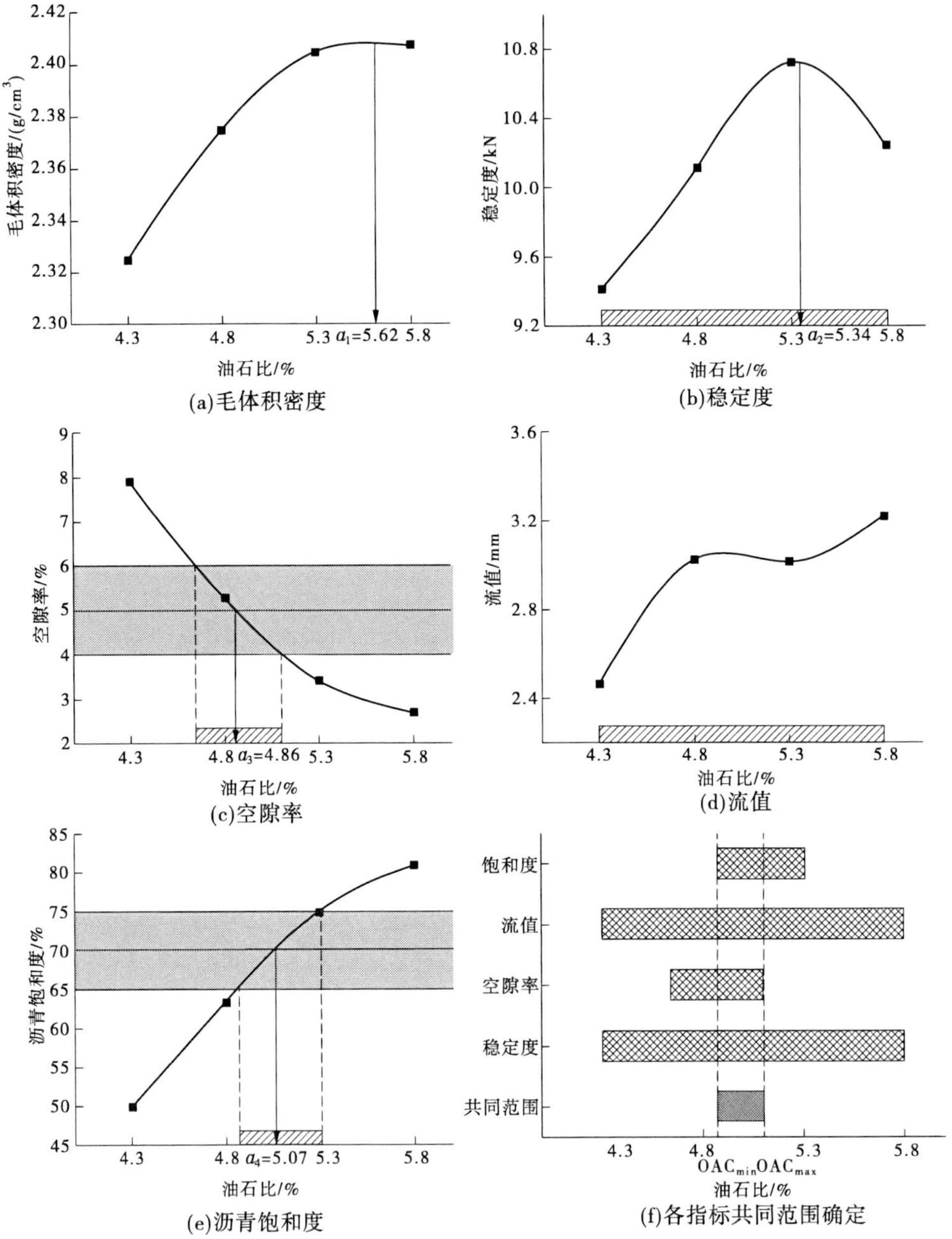

图 5-2　东海-70#沥青混合料最佳油石比确定过程

可得最佳油石比 $OAC=(OAC_1+OAC_2)/2=5.11\%$。其余 PPA 改性沥青混合料的最佳油石比确定过程同上，并对最佳油石比下的 PPA 改性沥青混合料进行各项物理力学性能测试，结果见表 5-5。

表 5-5　PPA 改性沥青混合料最佳油石比及相应物理力学指标

沥青类型	改性剂	最佳油石比/%	毛体积相对密度/(g/cm³)	稳定度/kN	矿料间隙率 VMA/%	空隙率 VV/%	流值/mm	沥青饱和度 VFA/%
东海-70#	—	5.11	2.40	11.00	13.81	4.01	3.03	70.96
	1%PPA	5.38	2.39	11.06	14.12	4.27	2.74	69.76
	2%SBS	5.31	2.38	10.78	14.55	4.32	2.31	70.31
	2%SBR	4.85	2.41	10.69	13.92	4.58	2.62	67.10
	2%SBS+0.6%PPA	5.42	2.38	9.91	14.81	4.59	2.08	69.01
	2%SBR+0.6%PPA	4.93	2.39	10.39	13.98	4.71	2.56	66.31
昆仑-90#	—	5.10	2.38	9.83	14.02	3.98	3.10	71.61
	1%PPA	5.39	2.41	9.96	14.17	4.24	2.88	70.08
	2%SBS	5.28	2.40	10.41	14.64	4.37	2.46	70.15
	2%SBR	4.83	2.39	9.88	13.87	4.56	2.65	67.12
	2%SBS+0.6%PPA	5.37	2.38	10.26	14.77	4.48	2.14	69.67
	2%SBR+0.6%PPA	4.95	2.38	10.19	13.95	4.66	2.35	66.59

5.2　沥青混合料高温性能研究

沥青路面在服役过程中,必须要有良好的高温性能。沥青混合料的高温稳定性一般是指在夏季高温条件下(通常为 60 ℃),在经过车轮荷载的反复碾压后,其抵抗永久变形的能力。沥青路面随着自然界温度的改变,其敏感性也会发生变化,气温升高时,沥青黏度会降低,从而使沥青混合料的强度和刚度显著下降,如果沥青路面的高温性能较差,在车轮荷载作用下,沥青路面内部的集料会发生推移,并在车轮碾压的位置留下带状凹陷,形成车辙病害。此外,高温稳定性不足还会使沥青路面在荷载和温度的共同作用下产生推移、拥包、波浪、车辙等病害。近年来,随着我国公路的发展,交通量持续增加,汽车轴载不断增大,不同地区的公路都出现了因高温稳定性不足而产生的路面破坏,这对行车安全和路面养护建设都带来了极大困扰,大大降低了路面使用寿命。

5.2.1　试验方案

目前,国内外对沥青混合料高温稳定性的评价方法很多,其中包括车辙试验、单轴压缩试验、马歇尔试验、简单剪切试验及蠕变试验等。相比而言,车辙试验更加直观地反映了沥青混合料在重复轮载作用下的累计变形与时间关系,因此本次研究选用车辙试验来评价沥青混合料的高温抗变形能力。

按照规程所要求的方法制备了 24 种沥青混合料的车辙试验板,如图 5-3 所示,并在

60 ℃下利用自动车辙仪分别对 12 种沥青混合料进行了车辙试验。按式(5-1)计算了不同沥青混合料的动稳定度(DS),从而评价其高温稳定性。

$$DS = \frac{(t_2 - t_1) \times N}{(d_2 - d_1)} \times C_1 \times C_2 \tag{5-1}$$

式中:DS 为动稳定度,次/mm;d_1、d_2 分别为 t_1、t_2 时对应的变形量,mm;C_1 为试验机类型系数,取 1.0;C_2 为试件类型系数,取 1.0;N 为碾轮往返碾压的速度,取 42 次/mm。

(a)成型试件 (b)车辙试验 (c)试验结束

图 5-3 PPA 单一/复合改性沥青混合料车辙试验

5.2.2 高温性能试验结果分析

采用车辙试验分别对 PPA 单一/复合改性沥青混合料的动稳定度进行测试,结果如表 5-6、图 5-4 所示。

表 5-6 PPA 单一/复合改性沥青混合料车辙试验结果

沥青类型	改性剂掺量	动稳定度/(次/mm)
东海-70#	—	2 950
	1%PPA	3 824
	2%SBS	4 924
	2%SBR	4 712
	2%SBS+0.6%PPA	5 650
	2%SBR+0.6%PPA	5 250
昆仑-90#	—	2 580
	1%PPA	3 226
	2%SBS	3 892
	2%SBR	3 780
	2%SBS+0.6%PPA	4 385
	2%SBR+0.6%PPA	4 224

分析表 5-6、图 5-4 可知:

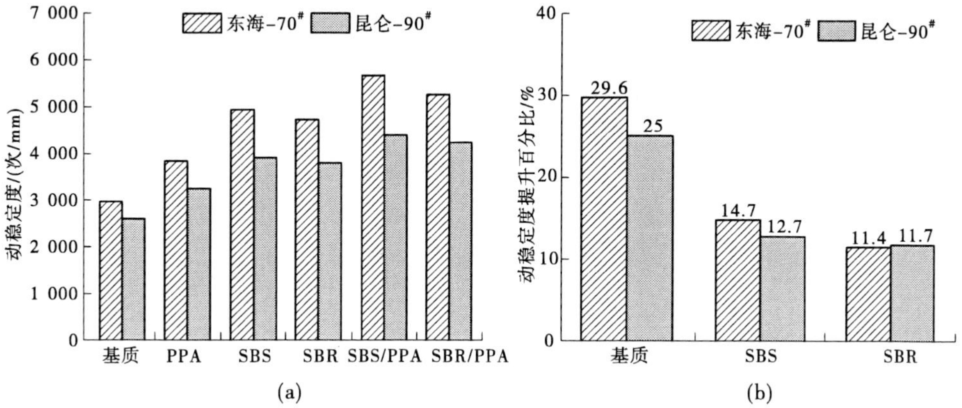

图 5-4　不同沥青 PPA 单一/复合改性沥青混合料动稳定度及变化率

(1)不论是基质沥青还是聚合物改性沥青,随着 PPA 的加入,混合料动稳定次数都有不同程度的增加,说明 PPA 对混合料的高温稳定性有改善作用。主要是因为加入 PPA 提高了基质沥青软化点和改变了沥青各组分比例,沥青质含量增加,重均分子量增大,分子间可以产生更强的相互作用力,减少分子链间的相对移动或整个分子的移动,沥青抵抗剪切变形能力增强,沥青高温稳定性得以提升。

(2)在同种级配和最佳油石比下,进一步对比 PPA 的加入对基质沥青及 SBS、SBR 改性沥青的影响程度,PPA 对基质沥青混合料的动稳定度改善程度较大,对聚合物改性沥青混合料的动稳定度提升程度相对较小。与基质沥青混合料相比,东海-70#和昆仑-90#两种 PPA 改性沥青混合料的动稳定度分别提高了 29.6%和 25.0%;PPA/SBS 复合改性沥青混合料较 SBS 单一改性沥青混合料动稳定度分别提高了 14.7%和 12.7%,PPA/SBR 复合改性沥青混合料较 SBR 单一改性沥青混合料的动稳定度分别提高了 11.4%和 11.7%,说明 PPA 对沥青混合料的高温性能有提升作用,采用小掺量 PPA 改性剂代替聚合物降低工程造价是可行的。

(3)对比东海-70#和昆仑-90#两种沥青混合料,发现 PPA 对动稳定度的影响趋势一致,但总体上昆仑-90#沥青混合料的动稳定次数低于东海-70#沥青混合料,分析原因,主要是因为昆仑-90#基质沥青软化点低于东海-70#基质沥青,掺加 PPA 后都会促使沥青质含量增加,感温性能提高,从而导致沥青高温稳定性提升,且东海-70#基质沥青提升幅度大于昆仑-90#基质沥青。

5.3　沥青混合料低温性能研究

5.3.1　试验方案

沥青路面在长期使用过程中,经常会发生开裂破坏,尤其在我国北部寒冷地带表现得更加明显。由于沥青路面与外部环境直接接触,当外界气温发生变化时极易引起混合料内部温度改变,当外界气温骤降时,沥青混合料路面内部温度下降不均匀性使路面产生温度梯度,上面层温度低于下部层次,当上面层因温度收缩时受到下部层次的约束作用而使面层产生拉应力。此外,随着温度下降,沥青混合料应力松弛能力降低,混合料内部产生了累积应力,当累积应力大于混合料所承受应力时,沥青混合料将产生低温开裂。

研究人员常采用低温小梁弯曲、间接拉伸、直接拉伸和约束应力试验等方法研究混合料的低温性能。本书采用小梁弯曲试验对基质沥青和 PPA 改性沥青混合料的低温性能进行评价。按照试验规程制备试件,每次试验 3 个重复试件,并通过式(5-2)~式(5-4)计算试件破坏时的破坏强度、弯拉应变及劲度模量。小梁试件如图 5-5 所示。

$$R = \frac{3LP}{2bh^2} \tag{5-2}$$

$$\varepsilon = \frac{6hd}{L^2} \tag{5-3}$$

$$S = \frac{R}{\varepsilon} \tag{5-4}$$

式中:R 为抗弯拉强度,MPa;ε 为最大弯拉应变,$\mu\varepsilon$;S 为弯曲劲度模量,MPa;b、h、L 分别为试件的宽度、高度及跨径,mm;P 为试件破坏时的最大荷载,N;d 为试件破坏时跨中的挠度,mm。

(a)小梁试件

(b)试验过程

图 5-5　PPA 改性沥青混合料低温弯曲试验

5.3.2　低温抗裂性能试验结果分析

采用小梁弯曲试验对 PPA 单一/复合改性沥青混合料的低温性能进行测试,结果见表 5-7、图 5-6~图 5-8。

由表 5-7、图 5-6~图 5-8 分析可知:

(1)与基质沥青相比,掺加 1%PPA 后,东海-70#和昆仑-90#两种沥青混合料的破坏强度分别下降了 9.3%和 9.5%;与 2%SBS 改性沥青混合料相比,掺加 0.6%的 PPA 使东海-70#和昆仑-90#两种沥青混合料破坏强度均下降了 4.6%;相较于 2%SBR 改性沥青混合料,PPA 的加入分别使两种类型混合料的强度下降了 2.6%和 1.9%。表明 PPA 的加入对基质沥青混合料低温破坏强度影响最大,对 SBS 和 SBR 混合料影响相对较小。其原因在于聚合物改性剂本身具有良好的弹塑性,加入沥青中大幅提高了低温破坏强度,而

PPA 与聚合物复合改性后,不会对低温性能产生较大影响。

表 5-7　PPA 单一/复合改性沥青混合料低温弯曲试验结果

沥青类型	改性剂掺量	破坏强度/MPa	最大弯拉应变/με	弯曲劲度模量/MPa
东海-70#	—	9	2 069.12	4 349.68
	1%PPA	8.16	1 791.65	4 554.47
	2%SBS	9.82	3 229.83	3 040.41
	2%SBR	10.31	3 864.41	2 709.34
	2%SBS+0.6%PPA	9.37	3 059.94	3 127.51
	2%SBR+0.6%PPA	10.04	3 609.36	2 781.66
昆仑-90#	—	8.67	2 160.88	4 012.25
	1%PPA	7.85	1 852.7	4 237.06
	2%SBS	9.51	3 349.87	2 838.92
	2%SBR	9.96	3 956.81	2 517.18
	2%SBS+0.6%PPA	9.07	3 099.68	2 926.11
	2%SBR+0.6%PPA	9.77	3 788.75	2 578.69

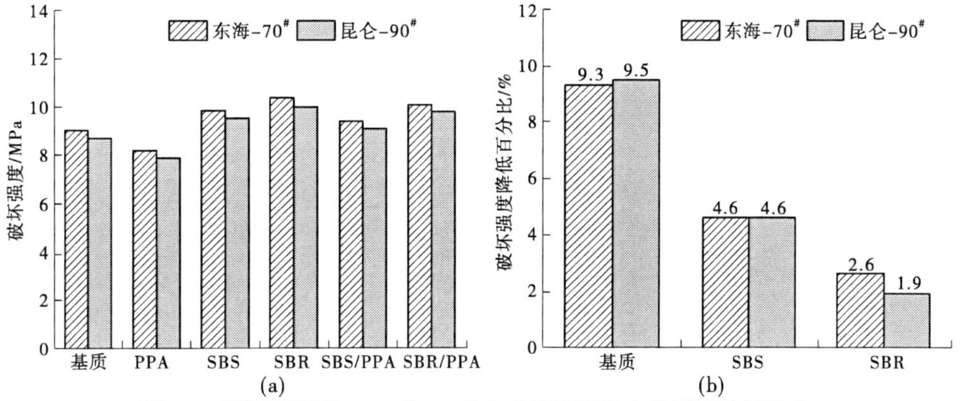

图 5-6　不同沥青的 PPA 单一/复合改性沥青混合料低温破坏强度

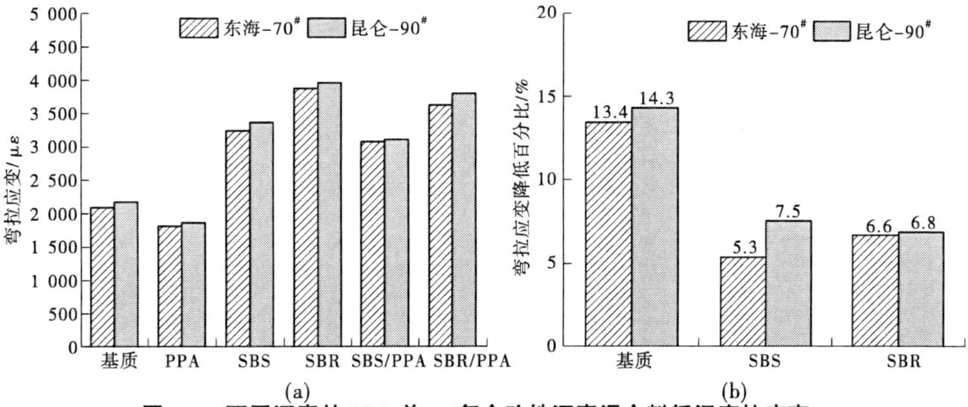

图 5-7　不同沥青的 PPA 单一/复合改性沥青混合料低温弯拉应变

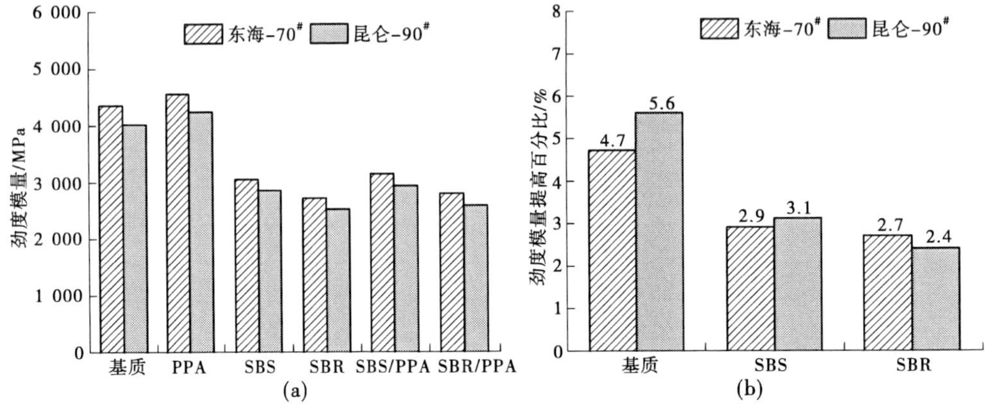

图 5-8　不同沥青的 PPA 单一/复合改性沥青混合料低温劲度模量

(2)与上述破坏强度的规律一致,无论是基质沥青混合料还是聚合物改性沥青混合料,PPA 的加入导致沥青混合料的低温弯拉应变降低,劲度模量提高,说明 PPA 对沥青混合料低温性能存在负面影响,导致其在低温下易发生断裂破坏。此外,通过对破坏强度、弯拉应变、劲度模量 3 种低温指标分析,在同种级配及最佳油石比下,昆仑-90#沥青混合料低温性能更优于东海-70#沥青混合料;SBR、SBR/PPA 改性沥青混合料的低温性能略高于 SBS、SBS/PPA 改性沥青混合料。

为了分析 PPA 复合改性沥青低温蠕变性能对混合料低温性能的影响,本次研究拟采用 k 指标、黏性参数 η_1、综合柔量参数 J_c 来建立与混合料破坏强度、最大弯拉应变、弯曲劲度模量的相关性,由于沥青混合料试验温度为-10 ℃,因此这里选用-12 ℃的低温蠕变数据进行拟合,以东海-70#沥青为例,建立劲度模量 S、蠕变速率 m 与破坏强度之间的线性关系,如图 5-9 所示。

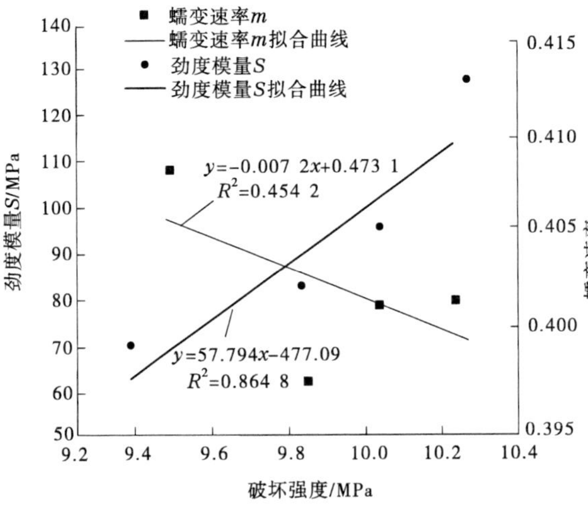

图 5-9　东海-70#/PPA 复合改性沥青蠕变参数与混合料破坏强度的相关关系

分析图 5-9 可知,沥青低温劲度模量 S 与混合料低温破坏强度之间的线性相关系数 R^2 为 0.454 2,沥青低温蠕变速率 m 与混合料破坏强度之间的相关系数为 0.864 8,说明 m 值与混合料的低温破坏强度有良好的相关性。同理依次建立沥青其余指标与混合料低温性能指标间的线性关系,其线性方程相关系数 R^2 见表 5-8。

表 5-8　PPA 单一改性沥青低温指标与混合料低温指标间的线性相关系数 R^2

沥青低温指标	沥青混合料低温性能指标		
	破坏强度/MPa	最大弯拉应变/με	弯曲劲度模量/MPa
S	0.864 8	0.925 7	0.925 7
m	0.454 2	0.192 7	0.192 7
k	0.880 9	0.927 3	0.927 3
η_1	0.935 1	0.919 2	0.919 2
J_c	0.966 3	0.863 7	0.863 7

分析表 5-8 发现,东海-70#/PPA 单一改性沥青,除了蠕变速率 m 值,其他各项沥青低温指标与混合料低温各项指标之间均具有良好的线性关系,其中 η_1 的相关系数 R^2 最大,因此推荐采用黏性参数 η_1 来预估沥青混合料的低温性能,其预估方程见表 5-9。

表 5-9　东海-70#/PPA 单一改性沥青黏性参数 η_1 与混合料低温性能的线性方程

沥青混合料低温性能指标	黏性参数 η_1
破坏强度/MPa	$y=13\ 198x-108\ 462$
最大弯拉应变/με	$y=14.292x-27\ 175$
弯曲劲度模量/MPa	$y=-24.662x+93\ 884$

同理对昆仑-90#/PPA 复合改性沥青低温指标与混合料低温性能指标间的线性关系进行拟合,其线性方程相关系数 R^2 见表 5-10。

表 5-10　昆仑-90#/PPA 复合改性沥青低温指标与混合料低温指标间的线性相关系数 R^2

沥青低温指标	沥青混合料低温性能指标		
	破坏强度/MPa	最大弯拉应变/με	弯曲劲度模量/MPa
S	0.188 0	0.026 5	0.013 5
m	0.016 6	0.013 4	0.043 2
k	0.122 0	0.005 8	0.000 4
η_1	0.095 7	0.001 4	0.000 6
J_c	0.052 1	0.001 6	0.012 1

分析表 5-10 发现,昆仑-90#/PPA 复合改性沥青低温各项参数与混合料低温性能指标不存在良好的相关性,说明采用低温蠕变参数来预测混合料低温性能具有一定的局限

性，易受到基质沥青影响。

5.4 多聚磷酸改性沥青水稳定性研究

由于水的极性远大于沥青的极性，因此水相对于沥青而言更容易吸附于集料表面。若沥青路面长期处于浸水环境中，裹覆在集料上的沥青膜更容易被水置换，进而使沥青膜脱落，最终在车辆荷载及动水压力的反复作用下产生水损害现象，集料松散脱粒且路面形成坑槽。在南方多雨地区应格外注重沥青混合料的水稳定性能检验，以保证路面在寿命周期内不出现水损害现象。通常来讲，沥青混合料的抗水损害性能和混合料的孔隙率、沥青与集料的交互作用及沥青膜的厚度等多种因素有关。因此，本次研究采用浸水马歇尔试验和冻融劈裂试验对沥青混合料水稳定性进行测试，以探究水对 PPA 改性沥青混合料的影响。

5.4.1 浸水马歇尔试验结果分析

根据《公路工程沥青及沥青混合料试验规程》(JTG E20—2011)中 T 0709—2011 的试验方法制备马歇尔试件，每组试件数量不少于 6 个，击实方法为正反 75 次击实，脱模后将试件随机分成两组，一组放入 60 ℃水浴中浸水 30~40 min，另一组放入 60 ℃水浴中浸水 48 h，如图 5-10 所示。

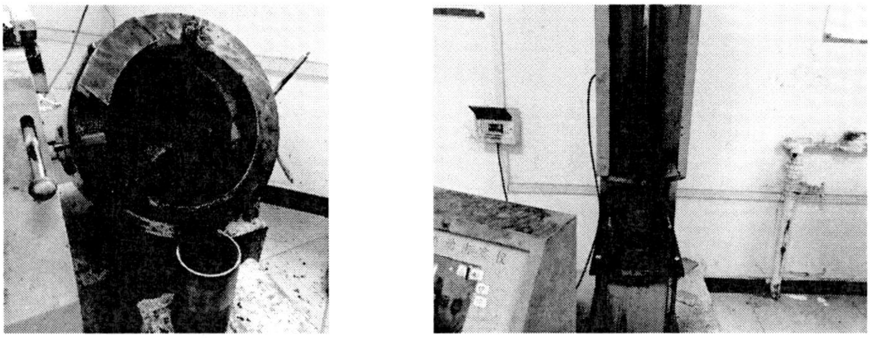

图 5-10 浸水马歇尔试验试件制备过程

随后分别测试两组试件的浸水马歇尔稳定度，根据式(5-5)计算沥青混合料的浸水残留稳定度。

$$MS_0 = \frac{MS_1}{MS} \times 100\% \tag{5-5}$$

式中：MS_0 为沥青混合料马歇尔试件的浸水残留稳定度(%)；MS_1 为沥青混合料马歇尔试件浸水 48 h 后的稳定度，kN；MS 为沥青混合料马歇尔试件浸水 30 min 后的稳定度，kN。

沥青混合料浸水马歇尔试验采用残留稳定度指标对其进行评价，即试件在 60 ℃水浴中浸水 48 h 后稳定度(MS_1)与浸水 30 min 稳定度(MS)的比值(MS_0)，残留稳定度越高表明沥青混合料的水稳定性越好，试验结果见表 5-11、图 5-11、图 5-12。

表 5-11　PPA 改性沥青混合料浸水马歇尔试验结果

沥青类型	PPA 掺量	稳定度/kN	浸水 48 h 后稳定度/kN	残留强度比/%
东海-70#	—	11.00	8.14	74
	1%PPA	11.06	9.13	82.55
	2%SBS	10.78	9.33	86.55
	2%SBR	10.69	9.06	84.75
	2%SBS+0.6%PPA	9.91	8.67	87.49
	2%SBR+0.6%PPA	10.39	8.93	85.95
昆仑-90#	—	9.83	7.10	72.23
	1%PPA	9.96	7.88	79.12
	2%SBS	10.41	8.71	83.67
	2%SBR	9.88	8.30	84.01
	2%SBS+0.6%PPA	10.26	8.65	84.31
	2%SBR+0.6%PPA	10.19	8.71	85.48

由图 5-11、图 5-12 分析可知：

(1)对于东海-70#和昆仑-90#两种类型的沥青混合料，PPA 的加入不同程度地提高了残留强度比。6 种东海-70#沥青混合料的残留稳定度 MS_0 大小顺序为：SBS/PPA>SBS>SBR/PPA>SBR>PPA>基质沥青；昆仑-90#沥青混合料的残留稳定度 MS_0 大小顺序为：SBR/PPA>SBS/PPA>SBR>SBS>PPA>基质沥青。总的来说，两种基质沥青经不同方案改性后，残留强度比大幅提升，其中东海-70#SBS/PPA 复合改性沥青混合料残留强度比提高了 18.2%，提升幅度最大。沥青混合料浸水 30 min 后的马歇尔稳定度与水稳定性没有必然联系，如东海-70#SBS/PPA 沥青混合料 30 min 马歇尔稳定度低于基质沥青混合料，但经 48 h 浸水后，SBS/PPA 沥青混合料的稳定度降低幅度低于基质沥青混合料，因此 SBS/PPA 残留稳定度在东海-70#沥青混合料中最高，水稳定性能良好。在相同级配与最佳油石比下，昆仑-90#改性沥青混合料的残留强度比略低于同等掺量下的东海-70#改性沥青混合料，因此工程应用时推荐选用东海-70#沥青进行改性。

(2)PPA 对基质沥青混合料的残留强度比提升幅度较大，尤其是较东海-70#沥青混合料提升了 11.6%；而 PPA 对 SBS、SBR 改性沥青混合料的残留强度比提升幅度相对较小，SBS 和 SBR 两种混合料在加入 PPA 后残留强度比仅提升了 1.0%左右。尽管 PPA 单一改性沥青混合料可以最大提升残留强度，但考虑到残留强度仍不满足《公路沥青路面施工技术规范》(JTG F 40—2004)规定的残留稳定度不小于 85.0%的要求，工程应用时可选择 SBS、SBR 与 PPA 复合以满足沥青路面水稳定性要求。

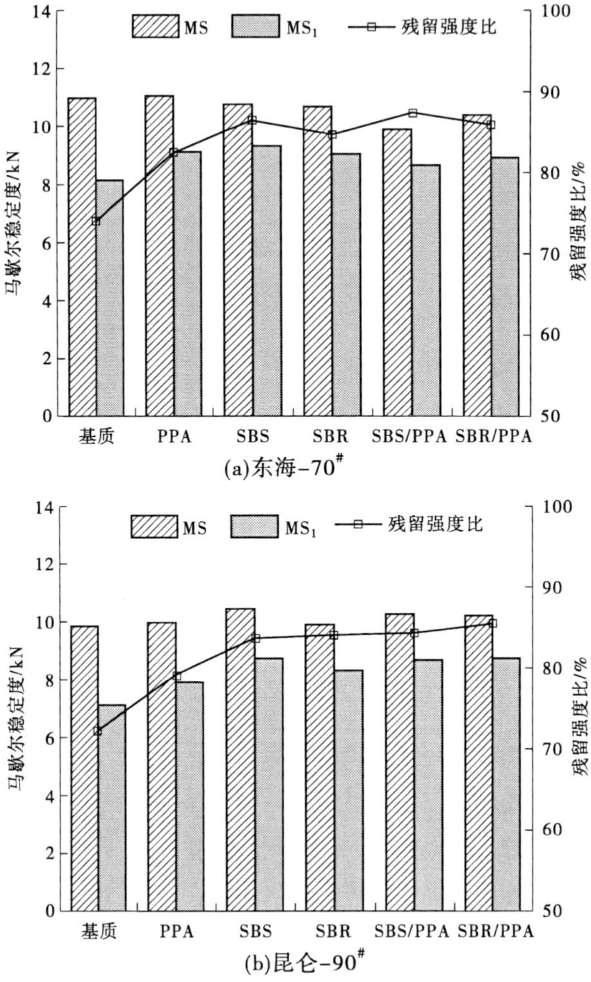

图 5-11　东海-70#、昆仑-90#改性沥青混合料浸水马歇尔试验

5.4.2　冻融劈裂试验结果分析

冻融劈裂试验每种沥青制备马歇尔试件数量不少于 8 个,击实方法为正反 50 次击实,脱模后将试件随机分成两组,一组在室温环境保存备用,另一组真空饱水后用塑料袋密封置于-18 ℃冰箱中冷冻 18 h,取出后在 60 ℃水浴中浸水 30 min,最后将两组试件同时放在 25 ℃水中浸泡 2 h,随后取出试件立即进行劈裂试验,计算冻融劈裂强度比 TSR,TSR 表征沥青混合料的水稳定性,TSR 越大则表明混合料水稳定性越好。冻融劈裂测试方式如图 5-13 所示,相关试验结果见表 5-12、图 5-14。

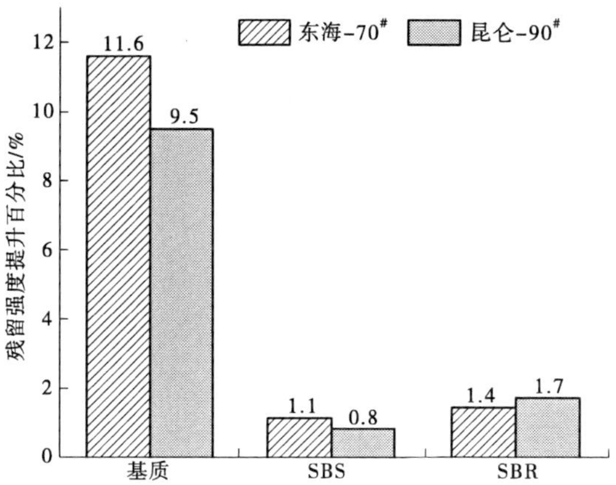

图 5-12　PPA 加入对残留强度比提高幅度的影响

图 5-13　沥青混合料冻融劈裂试验过程

表 5-12　沥青混合料冻融劈裂试验结果

沥青类型	PPA 掺量	R_{T1}/MPa	R_{T2}/MPa	冻融劈裂强度比/%
东海-70#	—	0.867	0.622	71.79
	1%PPA	0.914	0.726	79.38
	2%SBS	0.875	0.792	90.51
	2%SBR	0.865	0.801	92.57
	2%SBS+0.6%PPA	0.853	0.798	93.50
	2%SBR+0.6%PPA	0.958	0.914	95.45
昆仑-90#	—	0.856	0.605	70.69
	1%PPA	0.883	0.683	77.33
	2%SBS	0.825	0.712	86.28
	2%SBR	0.884	0.774	87.59
	2%SBS+0.6%PPA	0.898	0.792	88.15
	2%SBR+0.6%PPA	0.876	0.790	90.13

分析表 5-12、图 5-14、图 5-15 可知：

(1)从表 5-12、图 5-14 来看，对于东海-70#和昆仑-90#两种类型的沥青混合料，PPA 的加入不同程度地提高了冻融劈裂强度比。不同改性方案的东海-70#和昆仑-90#沥青混合料冻融劈裂强度比 TSR 大小顺序为：SBR/PPA>SBR>SBS/PPA>SBS>PPA>基质沥青。总体来讲，两种基质沥青经过不同方案改性后，冻融劈裂强度比得到大幅提升，这与

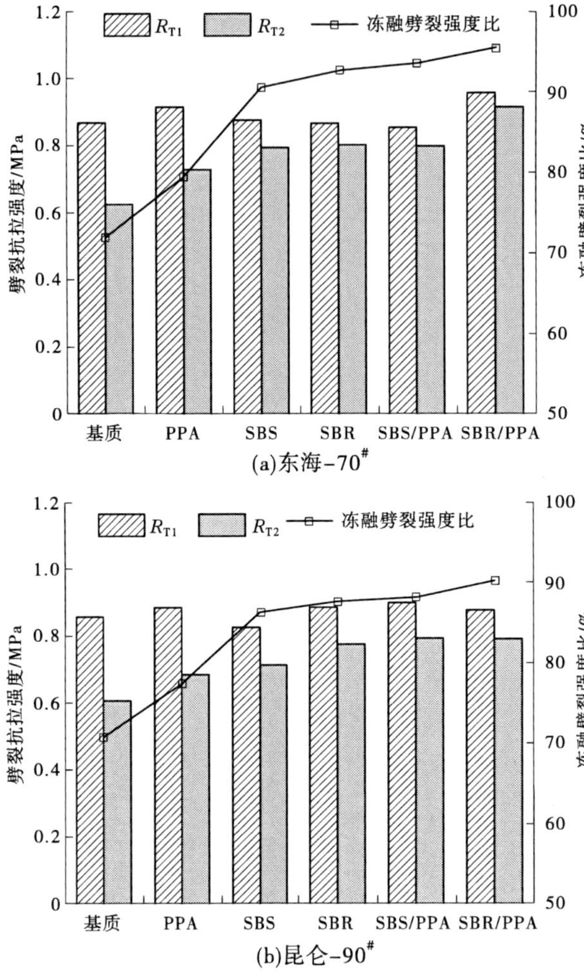

图 5-14　不同基质沥青改性沥青混合料冻融劈裂抗拉强度

浸水马歇尔试验结果相符合，其中东海-70#SBR/PPA 复合改性沥青混合料冻融劈裂强度比提高了 33.0%，提升幅度最大。在相同级配和最佳油石比下，昆仑-90#改性沥青混合料的冻融劈裂强度比略低于同等掺量下东海-70#改性沥青混合料，说明昆仑-90#沥青更适用于低温严寒地区，而在湿热多雨地区应用时尽量选择东海-70#沥青进行改性，以期获得更加良好的水稳定性能。

(2)从图 5-15 中可以看出，PPA 对基质沥青混合料的冻融劈裂强度比提升幅度较大，尤其是较东海-70#沥青混合料提升了 10.6%；而 PPA 对 SBS、SBR 改性沥青混合料的残留强度比提升幅度相对较小，对比 SBS 和 SBR 两种聚合物改性沥青，PPA 加入至 SBR、SBS 沥青中冻融劈裂强度比提升了 3%左右，两者都没有大程度提高冻融劈裂强度比，考虑原因：由于 SBS、SBR 改性沥青已经大幅提高了冻融劈裂强度比，再加入 PPA 与之复合性能提高有限。

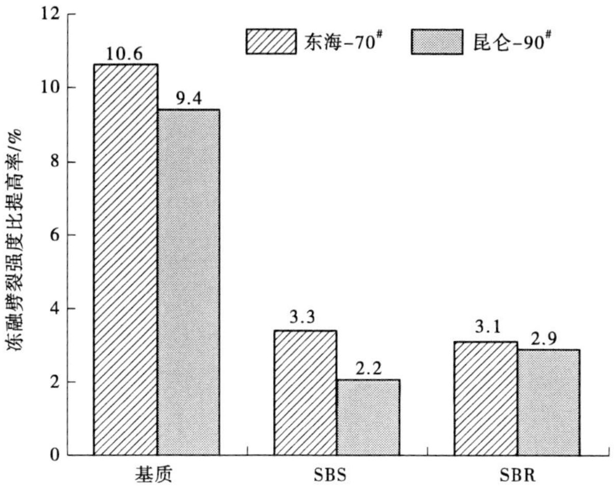

图 5-15　PPA 加入对冻融劈裂强度比提高幅度的影响

5.5 小　结

采用车辙试验、低温小梁弯曲试验、浸水马歇尔及冻融劈裂试验等测试方法，对不同聚合物及不同 PPA 掺量下改性沥青混合料的路用性能进行研究，本章得出以下结论：

(1)通过车辙试验结果可知，不论是基质沥青还是聚合物改性沥青，随着 PPA 的加入，混合料动稳定次数都有不同程度的增加，其中 PPA 对基质沥青混合料动稳定度改善程度较大，对聚合物改性沥青混合料动稳定度提升幅度相对较小，结果表明 PPA 可以提高沥青混合料的高温抗变形能力。

(2)通过低温小梁弯曲试验可知，PPA 加入基质沥青和聚合物改性沥青后，混合料的破坏强度和弯拉应变有轻微下降，劲度模量值小幅上升，其中 PPA 对基质沥青混合料低温性能影响较大，弯拉应变下降幅度较大，而两种聚合物改性沥青混合料性能下降较小。通过建立沥青低温蠕变参数与混合料低温性能指标的相关性，结果表明：只有基于 Burgers 模型的东海-70#/PPA 复合聚合物改性沥青低温黏性参数 η_1 与混合料低温破坏强度、最大弯拉应变、弯曲劲度模量之间具有良好的线性关系，其相关系数 R^2 达到 0.83 以上，而东海-70#、昆仑-90#的 PPA 复合聚合物改性沥青低温蠕变参数与混合料低温性能之间均无显著相关性，说明采用沥青低温蠕变参数来预测混合料低温性能具有一定的局限性。

(3)基于浸水马歇尔试验和冻融劈裂试验可知，PPA 提高了混合料的残留稳定度和冻融劈裂强度比，结果表明 PPA 对基质沥青混合料和聚合物改性沥青混合料的水稳定性能有提升作用，其中 PPA 对基质沥青混合料水稳定性能改善幅度较大，两种评价指标提升幅度在 10%左右，相比而言，PPA 与聚合物复合改性沥青后水稳定性能改善较小。

第6章　结　论

(1)根据不同掺量、不同等级的 PPA 改性沥青三大指标试验结果,发现软化点随 PPA 掺量的增加而增大,针入度和延度随 PPA 掺量的增大而减小,表明 PPA 的加入,改善了沥青高温性能,但对低温性能有负面影响;且 PPA-110 表现出更为优异的改性效果,综合经济性和改性效果,确定 PPA 改性剂类型为 PPA-110。

(2)在聚合物改性沥青基础上,与 PPA 进行复合改性后,发现软化点相比基质沥青提高,且随着 PPA 掺量增大而增大,针入度和延度均减小,但降幅有所减小,表明 PPA 改性剂在一定条件下能改善低温性能。推荐复合改性的 PPA 掺量在 0.5%~0.7%,SBS、SBR 的推荐掺量为 2%。

(3)基于流变性能试验,结果表明:老化前后的 PPA 改性沥青复数剪切模量(G^*)和车辙因子($G^*/\sin\delta$)较原样沥青增大,PPA 提高了沥青的高温抗车辙性能。老化前后的 PPA 改性沥青的恢复率 R 值均显著提高,蠕变柔量 J_{nr} 值明显降低。GTS 法和 VTS 法都能较好地评价沥青的感温性能,其中 VTS 法线性回归方程的相关性可达 0.98 以上,且随着 PPA 掺量的增加而减小,说明 PPA 降低了沥青的温度敏感性。随着 PPA 掺量的增大,沥青的劲度模量 S 呈增长趋势,蠕变速率 m 值减小,并以 k 指标、基于 Burgers 模型的黏性参数 η_1 和低温综合柔量参数 J_c 三个指标综合评价了 PPA 改性沥青的低温性能。

(4)基于 SEM 试验,发现 PPA 可有效改善 SBS、SBR 与沥青的相容性。基于 SARA 试验,发现掺加 PPA 后,沥青质含量增加,胶质含量减小,饱和分和芳香分含量变化很小,胶体指数下降,说明 PPA 降低了沥青胶体体系的溶胶化能力,使沥青由不稳定的溶胶型结构转化为溶-凝胶型,宏观表现为沥青高温稳定性提升。同时东海-70#沥青的胶体变化率略大于昆仑-90#沥青,说明 PPA 对东海-70#沥青的改性效果更佳。

(5)根据 FTIR 试验,发现 PPA 与沥青发生了化学反应,且基质沥青种类不同,产生的化合物不相同。对于东海-70#基质沥青,PPA 与聚合物复合改性后,只在 2 357 cm^{-1} 附近出现对应于—CH_2 的吸收峰。而对于昆仑-90#基质沥青,SBS 的加入并未出现新的特征峰,说明其主要是物理混溶过程。

(6)由沥青混合料相关试验可知,PPA 提高了沥青混合料的动稳定度,降低了沥青混合料的低温破坏强度和弯拉应变,其对基质沥青影响程度更大;对沥青混合料的水稳定性具有一定的改善作用,其中对基质沥青的提升幅度最大。此外,通过建立沥青低温蠕变参数与混合料低温性能指标的相关性,结果表明:采用沥青低温蠕变参数来预测混合料低温性能具有一定的局限性,易受基质沥青类型影响。

参考文献

[1] 交通运输部. 2020 年交通运输行业发展统计公报[J]. 交通财会, 2021(6): 92-97.

[2] 沈金安. 沥青及沥青混合料路用性能[M]. 北京:人民交通出版社,2001.

[3] Shivokin M, Garcia-morales M, Partal P, et al. Rheological behaviour of polymer-modified bituminous mastics: A comparative analysis between physical and chemical modification[J]. Construction & Building Materials, 2012,27(1): 234-240.

[4] 郝飞. 多聚磷酸改性沥青及其混合料技术性能研究[D]. 西安:长安大学, 2012.

[5] EE D F, Maldonado R, Reinke G, et al. Polyphosphoric Acid Modification of Asphalt[J]. Transportation Research Record Journal of the Transportation Research Board, 2010,2179(2179): 49-57.

[6] Westerman G R. Modified Asphalt Cement Use in Arkansas[C]//PolyPhosphoric Acid Modification of Asphalt Binder:A workshop. Minnesota:Transportation Research Board of the National Academies,2010.

[7] Jaroszek H. Polyphosphoric acid (PPA) in road asphalts modification[J]. Chemik,2012,66:1340-1345.

[8] Angelo J A. Workshop Summary[C]//PolyPhosphoric Acid Modification of Asphalt Binder: A workshop Minnesota:Transportation Research Board of the National Academies,2012.

[9] Gennis M. Field Experience with Acid Modified Asphaltin Arizona: Presented at PPA Workshop[C]. Minneapolis, 2009.

[10] 王永宁. 多聚磷酸复配 SBS 改性沥青粘附性能及微观表征方法研究[D]. 兰州:兰州交通大学, 2019.

[11] 李德高, 马前程, 黄迪, 等. 多聚磷酸复合橡塑材料改性沥青混合料在新疆阿勒泰地区的施工技术研究[J]. 交通世界, 2022,607(13): 15-18.

[12] 刘祥, 张正伟, 杨小龙, 等. 多聚磷酸改性沥青研究现状及展望[J]. 材料导报, 2017,31(19): 104-111.

[13] Alam S, Hossain Z. Changes in fractional compositions of PPA and SBS modified asphalt binders[J]. Construction and Building Materials, 2017,152:386-393.

[14] Liu J, Yan K, You L, et al. Laboratory performance of warm mix asphalt binder containing polyphosphoric acid[J]. Construction and Building Materials, 2016,106:218-227.

[15] 王岚, 任敏达, 李超. 多聚磷酸改性沥青改性机制[J]. 复合材料学报, 2017,34(10): 2330-2336.

[16] 付国志, 赵延庆, 孙倩倩. 多聚磷酸与 SBS 复合改性沥青的改性机制[J]. 复合材料学报, 2017, 34(6):1374-1380.

[17] 张恒龙, 史才军, 余剑英, 等. 多聚磷酸对不同沥青的改性及改性机理研究[J]. 建筑材料学报, 2013(2):255-260.

[18] 马庆丰, 辛雪, 范维玉, 等. 多聚磷酸改性沥青流变性能及改性机制研究[J]. 中国石油大学学报:自然科学版, 2015,39(6):165-170.

[19] 赵可, 杜月宗. 多聚磷酸改性沥青研究[J]. 石油沥青, 2010(3): 4-10.

[20] 常晓绒. 多聚磷酸/液体橡胶复合改性沥青及混合料性能研究[D]. 西安:长安大学, 2021.

[21] Masson J F, Gagne M, Robertson G, et al. Reactions of polyphosphoric acid and bitumen model compounds with oxygenated functional groups:Where is the phosphorylation? [J]. Energy & Fuels, 2008,22(6): 4151-4157.

[22] Baumgardner G L, Masson J F, Hardee J R, et al. Polyphosphoric acid modified asphalt: Proposed

mechanisms[J]. Asphalt Paving Technology: Association of Asphalt Paving Technologists-Proceedings of the Technical Sessions, 2005,74: 283-305.
[23] 刘红瑛, 张振兴, 常睿, 等. 多聚磷酸改性沥青流变特性及改性机理[J]. 同济大学学报(自然科学版), 2016,44(12): 1880-1888.
[24] 张铭铭. 多聚磷酸改性沥青微观结构及技术性能研究[D]. 西安:长安大学, 2012.
[25] Dourado E R, Pizzorno B S, Motta L M, et al. Analysis of asphaltic binders modified with PPA by surface techniques[J]. Journal of microscopy, 2014,254(3):122-128.
[26] Rebel L M, Cavalcante P N, de Sousa J S, et al. Micromorphology and microrheology of modified bitumen by atomic force microscopy[J]. Road Materials and Pavement Design, 2014,15(2):300-311.
[27] 尉燕斌. 多聚磷酸改性沥青的性能及微观结构研究[D]. 昆明:昆明理工大学, 2015.
[28] 王子豪. 老化作用对多聚磷酸改性沥青性能影响研究[D]. 呼和浩特:内蒙古工业大学, 2017.
[29] 王岚, 崔世超, 任敏达. 多聚磷酸复配 SBS 改性沥青微观结构特性评价[J]. 材料导报, 2019,33(24):4105-4110.
[30] 余文科. 多聚磷酸改性沥青的研究[D]. 重庆:重庆交通大学, 2011.
[31] 董刚. 多聚磷酸及多聚磷酸/聚合物复合改性沥青的性能和机理分析[D]. 西安:长安大学, 2018.
[32] Huang T, Hanwen H, Ping Z, et al. Laboratory investigation on performance and mechanism of polyphosphoric acid modified bio-asphalt[J]. Journal of Cleaner Production, 2022,333:130104.
[33] Yadollahi G, Sabbagh Mouahosseini H. Improving the performance of Crumb Rubber bitumen by means of Poly Phosphoric Acid (PPA) and Vestenamer additives[J]. Construction and Building Materials, 2011, 25(7): 3108-3116.
[34] Zhang F, Hu C. Influence of aging on thermal behavior and characterization of SBR compound-modified asphalt[J]. Journal of thermal analysis and calorimetry, 2013,15(2):1211-1218.
[35] 唐宏宇. 多聚磷酸复合改性沥青的性能研究[D]. 长沙:长沙理工大学, 2015.
[36] 刘斌清, 仵江涛, 陈华鑫, 等. 多聚磷酸改性沥青的路用性能及机理分析[J]. 深圳大学学报:理工版, 2018,35(3):292-298.
[37] 李丽平, 丁文霞, 卢小丽. 多聚磷酸与 SBS 复合改性沥青及其混合料抗老化性能研究[J]. 公路工程, 2016,41(6):250-255,261.
[38] 张涛,李东兴. 多聚磷酸与 SBR 复合改性沥青混合料性能及改性机理[J]. 公路工程, 2016,41(3):216-222.
[39] Shi, H Q, Jiang, et al. Combustion mechanism of four components separated from asphalt binder[J]. FUEL, 2017,192: 18-26.
[40] Zhang Y, Pan X, Sun Y, et al. Flame retardancy, thermal, and mechanical properties of mixed flame retardant modified epoxy asphalt binders[J]. Construction and Building Materials, 2014,68: 62-67.
[41] 付国志. 多聚磷酸改性沥青改性机理及混合料性能研究[D]. 大连:大连理工大学, 2017.
[42] Liu Z, Li S, Wang Y. Waste engine oil and polyphosphoric acid enhanced the sustainable self-healing of asphalt binder and its fatigue behavior[J]. Journal of cleaner production, 2022(10): 339.
[43] Filippis P D, Giavarini C, Scarsella M. Improving the ageing resistance of straight-run bitumens by addition of phosphorus compounds[J]. Fuel, 1995,74(6): 836-841.
[44] Giavarini C, Filippis P D, Santarelli M L, et al. Production of stable polypropylene-modified bitumens[J]. Fuel, 1996,75(6): 681-686.
[45] Dongdong, Yan, Kezhen, et al. Modification mechanism of asphalt modified with Sasobit and Polyphosphoric acid (PPA)[J]. Construction and Building Materials, 2017.

[46] 毛三鹏，熊良铨. 多聚磷酸在SBS改性沥青中的应用研究[J]. 石油沥青，2010,24(5):28-32.

[47] Xiao F, Amirkhanian S, Wang H, et al. Rheological property investigations for polymer and polyphosphoric acid modified asphalt binders at high temperatures[J]. Construction and Building Materials, 2014,64: 316-323.

[48] Jiang X, Li P, Ding Z, et al. Investigations on viscosity and flow behavior of polyphosphoric acid (PPA) modified asphalt at high temperatures[J]. Construction and Building Materials, 2019,228: 116610.

[49] Peterse J C, Robertson R E, Branthaver J F. BINDER CHARACTERIZATION AND EVALUATION. VOLUME 4: TEST METHODS[R]. Strategic Highway Research Program, Washington. DC, 1994.

[50] Petersen J C, Robertson R E, Branthaver J F, et al. BINDER CHARACTERIZATION AND EVALUATION. VOLUME 1[R]. Strategic Highway Research Program, Washington. DC, 1994, 1.

[51] Anderson D A, Christensen D W, Bahia H U, et al. BINDER CHARACTERIZATION AND EVALUATION. VOLUME 3: PHYSICAL CHARACTERIZATION[R]. Strategic Highway Research Program, Washington. DC, 1994, 3.

[52] Baldino N, Gabriele D, Lupi F R, et al. Rheological effects on bitumen of polyphosphoric acid (PPA) addition[J]. Construction and Building Materials, 2013,40(3): 397-404.

[53] Feng Z, Hu C. The research for SBS and SBR compound modified asphalts with polyphosphoric acid and sulfur[J]. Construction & Building Materials, 2013,43(6): 461-468.

[54] 周育名，魏建国，时松，等. 多聚磷酸及橡胶粉复合改性沥青性能[J]. 长安大学学报(自然科学版)，2018(5):9-17.

[55] 付力强，王子灵，黄晓明，等. 多聚磷酸改性沥青的性能研究[J]. 公路交通科技，2008(2):16-19,44.

[56] 朱圻. 橡胶粉与多聚磷酸复合改性沥青性能研究[J]. 新型建筑材料，2018,45(7): 115-120.

[57] Reinke G, Glidden S. Analytical Procedures for Determining Phosphorus Content in Asphalt Binders and Impact of Aggregate on Quantitative Recovery of Phosphorus from Asphalt Binders[C] PolyPhosphoric Acid Modification of Asphalt Binder: A workshop. Minnesota: Transportation Research Board of the National Academies, 2010, 52-70.

[58] 李超，邬鑫，王子豪，等. 多聚磷酸改性沥青结合料高温流变性能[J]. 建筑材料学报，2017,20(3):469-474,488.

[59] Edwards Y, Tasdemir Y, Isacsson U. Rheological effects of commercial waxes and polyphosphoric acid in bitumen 160/220-high and medium temperature performance[J]. Construction and Building Materials, 2007,21(10): 1899-1908.

[60] 王利强，王岚，李超，等. PPA&SBS复合改性沥青高温性能试验研究[J]. 公路工程，2017,42(5):298-302,307.

[61] Bahia H U, Hanson D I, Zeng M, et al. Characterization of Modified Asphalt Binders in Superpave Mix Design[R]. 2001.

[62] D'ANGELO, John, A. The Relationship of the MSCR Test to Rutting[J]. Road Materials & Pavement Design, 2009.

[63] 陈治君，郝培文. 基于重复蠕变恢复试验的化学改性沥青高温性能[J]. 江苏大学学报(自然科学版)，2017,38(4):479-483.

[64] 岳云. 多聚磷酸复配SBS改性沥青性能及其评价体系优化研究[D]. 兰州：兰州交通大学，2017.

[65] The Multiple Stress Creep Recovery (MSCR) Procedure[J]. Techbrief, 2011.

[66] Behnood A, Olek J. Rheological properties of asphalt binders modified with styrene-butadiene-styrene (SBS), ground tire rubber (GTR), or polyphosphoric acid (PPA)[J]. Construction and Building Materials, 2017,151(1): 464-478.
[67] Li Y, Hao P, Zhao C, et al. Anti-rutting performance evaluation of modified asphalt binders: A review [J]. 交通运输工程学报:英文版, 2021,8(3):339-355.
[68] Ramasamy N B. Effect of polyphosphoric acid on aging characteristics of PG 64-22 asphalt binder[D]. North Texas:University of North Texas, 2010.
[69] Liang P, Liang M, Fan W, et al. Improving thermo-rheological behavior and compatibility of SBR modified asphalt by addition of polyphosphoric acid (PPA)[J]. Construction & Building Materials, 2017, 139(15): 183-192.
[70] 魏建国, 时松, 周育名, 等. 多聚磷酸改性沥青流变性能[J]. 交通运输工程学报, 2019,19(6): 14-26.
[71] 张丽佳, 黄伟, 魏明, 等. 多聚磷酸改性沥青的流变性能分析[J]. 材料科学与工程学报, 2020,38(4):638-642.
[72] Aflaki S, Hajikarimi P, Fini E H, et al. Comparing Effects of Biobinder with Other Asphalt Modifiers on Low-Temperature Characteristics of Asphalt[J]. Journal of Materials in Civil Engineering, 2014,26(3): 429-439.
[73] 王云普,张峰. 多聚磷酸与 SBR 复配改性国产 90 号沥青的研究[J]. 石油炼制与化工, 2007,38(9):52-56.
[74] Baldino N, Gabriele D, Rossi C O, et al. Low temperature rheology of polyphosphoric acid (PPA) added bitumen[J]. Construction & Building Materials, 2012,36: 592-596.
[75] Kenneth P, Thomas, et al. Polyphosphoric-acid Modification of Asphalt Binders[J]. Road Materials & Pavement Design, 2011,9(2):181-205.
[76] 莫定成, 黄卫东, 吕泉, 等. PPA 对改性沥青及其混合料低温性能影响[J]. 石油沥青, 2021,35(1): 6-11.
[77] Du Jianhuan, Ai C, An S, et al. Rheological Properties at Low Temperatures and Chemical Analysis of a Composite Asphalt Modified with Polyphosphoric Acid[J]. Journal of Materials in Civil Engineering, 2020,32(5):04020075.
[78] Sarnowski M. Rheological properties of road bitumen binders modified with SBS polymer and polyphosphoric acid[J]. Roads & Bridges Drogi I Mosty, 2015,14(1):47-65.
[79] Man Sze Ho S, Zanzotto L, Macleod D. Impact of different types of modification on low-temperature tensile strength and Tcritical of asphalt binders[J]. Transportation research record, 2002,1810(1):1-8.
[80] 周艳, 黄卫东, 傅星恺. 多聚磷酸复合改性沥青低温性能[J]. 建筑材料学报, 2017,20(6): 996-1000.
[81] 丁海波, 周刚, 王火明. 多聚磷酸对沥青化学组分与路用性能的影响[J]. 中外公路, 2014,34(4):327-330.
[82] Zegeye E T, Moon K H, Turos M, et al. Low Temperature Fracture Properties of Polyphosphoric Acid Modified Asphalt Mixtures[J]. Journal of Materials in Civil Engineering, 2012,24(8):1089-1096.
[83] Yan K, Zhang H, Xu H. Effect of polyphosphoric acid on physical properties, chemical composition and morphology of bitumen[J]. Construction & Building Materials, 2013,47(10): 92-98.
[84] 王岚, 王子豪, 李超. 多聚磷酸及多聚磷酸-SBS 改性沥青低温性能[J]. 复合材料学报, 2017,34(2):329-335.

[85] Johnson C M. Estimating Asphalt Binder Fatigue Resistance Using an Accelerated Test Method[D]. Madison:University of Wisconsio-Madison, 2010.

[86] Hintz C, Velasquez R, Johnson C, et al. Modification and Validation of Linear Amplitude Sweep Test for Binder Fatigue Specification[J]. Transportation Research Record Journal of the Transportation Research Board, 2011,2207(1): 99-106.

[87] Nuez J, Domingos M, Faxina A L. Susceptibility of low-density polyethylene and polyphosphoric acid-modified asphalt binders to rutting and fatigue cracking[J]. Construction & Building Materials, 2014, 73: 509-514.

[88] Domingos M, Faxina A L. Creep-Recovery Behavior of Asphalt Binders Modified with SBS and PPA[J]. Journal of Materials in Civil Engineering, 2014,26(4): 781-783.

[89] Domingos M, Faxina A L. Multiple Stress Creep-Recovery Test of Ethylene Vinyl Acetate and Polyphosphoric Acid-Modified Binder[J]. Journal of Transportation Engineering, 2014,140(11): 4014054.

[90] Jafari M, Babazadeh A. Evaluation of polyphosphoric acid-modified binders using multiple stress creep and recovery and linear amplitude sweep tests[J]. Road Materials and Pavement Design, 2016,17(4): 1-18.

[91] Pamplona T F, Faxina A L. Effect of Polyphosphoric Acid on Asphalt Binders with Different Chemical Composition[C]. TRB 94 th Annual Meeting Compendium of Papers, 2015.

[92] Yu T, Hui L, Hengji Z, et al. Comparative investigation on three laboratory testing methods for short-term aging of asphalt binder[J]. Construction and Building Materials, 2021,266:121204.

[93] Huh J D, Robertson R E. Modeling of Oxidative Aging Behavior of Asphalts from Short-Term, High-Temperature Data as a Step toward Prediction of Pavement Aging[J]. Transportation research record, 1996:1535(1):91-97.

[94] Zhang F, Yu J. A Study on the Aging Kinetics of PPA Modified Asphalt[J]. Petroleum Science and Technology, 2010,28(13):1338-1344.

[95] Mothé G M, Leite, et al. Kinetic parameters of different asphalt binders by thermal analysis[J]. Journal of Thermal Analysis and Calorimetry, 2011,106(3):679-684.

[96] Baumgardner G. Effect of Polyphosphoric Acid Modification on the Oxidative Aging Characteristics of Asphalt Binder[C].5th International Symposium on Binder Rheology and Pavement,2004.

[97] Marin J V, Orange G, Marcnt B. Effect of polyphosphoric acid on aging behavior of bituminous binder [C].41st Petersen Asphalt Research Conference, 2004.

[98] Lining G, Nana C, Xiaohong F, et al. Influence of PPA on the Short-Term Antiaging Performance of Asphalt[J]. Advances in Civil Engineering, 2021,2021:1-11.

[99] 程培峰, 张展铭, 李艺铭. 多聚磷酸/丁苯橡胶复合改性沥青的抗紫外老化性能[J]. 合成橡胶工业, 2020,43(1): 60-65.

[100] 郭洪欣, 郭洪杰. PPA复合改性沥青混合料抗紫外光与热老化性能研究[J]. 新型建筑材料, 2018,45(3): 108-113.

[101] 叶长建, 叶群山. 多聚磷酸与橡胶粉复合改性沥青性能研究[J]. 中外公路, 2016,36(6): 209-211.

[102] Yu H, Yao D, Qian G, et al. Effect of ultraviolet aging on dynamic mechanical properties of SBS modified asphalt mortar[J]. Construction and Building Materials, 2021,281: 122328.

[103] 蔡直言. 多聚磷酸改性沥青感温性评价研究[J]. 公路工程, 2017,42(1):111-114.

[104] Sajjad Yousefi Oderji. 多聚磷酸改性沥青的性能研究[J].大连:大连理工大学,2017.

[105] 宋小金，樊亮. 多聚磷酸与SBS复合改性沥青混合料的路用性能研究[J]. 中外公路，2016,36(4):289-293.
[106] 马峰，温雅噜，傅珍，等. 多聚磷酸复合改性沥青混合料路用性能[J]. 应用化工，2021,50(4):887-891.
[107] 张展铭. 多聚磷酸与丁苯橡胶复合改性沥青及混合料性能研究[D]. 哈尔滨:东北林业大学，2019.
[108] 刘红瑛，常睿，王春，等. 多聚磷酸复合改性沥青混合料的路用性能[J]. 建筑材料学报，2017,20(2):293-299.
[109] Jafari M, Akbari Nasrekani A, Nakhaei M, et al. Evaluation of rutting resistance of asphalt binders and asphalt mixtures modified with polyphosphoric acid[J]. Petroleum Science and Technology, 2017,35(2): 141-147.
[110] Hao P, Zhai R, Zhang Z, et al. Investigation on performance of polyphosphoric acid (PPA)/SBR compound-modified asphalt mixture at high and low temperatures[J]. Road Materials and Pavement Design, 2019,20(6): 1376-1390.
[111] Babagoli R, Jalali F, Khabooshani M. Performance properties of WMA modified binders and asphalt mixtures containing PPA/SBR polymer blends[J]. Journal of Thermoplastic Composite Materials, 2021: 2046008828.
[112] 王岚，裴珂，李超. 多聚磷酸-SBS复合改性沥青混合料低温流变特性及本构关系研究[J]. 建筑材料学报，2021,24(4): 842-850.
[113] 李彩霞，张苛，罗要飞. 基于半圆弯拉试验的多聚磷酸改性沥青混合料低温性能改善研究[J]. 中外公路，2019,39(4): 234-239.
[114] 刘红瑛，常睿，张铭铭，等. 多聚磷酸改性沥青及其混合料低温性能研究[J]. 湖南大学学报(自然科学版)，2017,44(5): 104-112.
[115] Feng Z, Kamil K, Shane U, et al. Preparation and performances of SBS compound modified asphalt mixture by acidification and vulcanization[J]. Construction and Building Materials, 2021,296:123693.
[116] Teltayev B B, Rossi C O, Izmilova G G, et al. Evaluating the effect of asphalt binder modification on the low-temperature cracking resistance of hot mix asphalt[J]. Case Studies in Construction Materials, 2019,11:e00238.
[117] Huang W, Lv Q, Xiao F. Investigation of using binder bond strength test to evaluate adhesion and self-healing properties of modified asphalt binders[J]. Construction and Building Materials, 2016,113.
[118] 周璐，黄卫东，吕泉，等. 不同改性剂对沥青黏结及抗水损害性能的影响[J]. 建筑材料学报，2021,24(2): 377-384.
[119] Reinke G, Glidden S, Herlitzka D, et al. PPA modified binders and mixtures: aggregate and binder interactions, rutting and moisture sensitivity of mixtures[C]. Journal of the Association of Asphalt Paving Technologists, 2010,79:719-742.
[120] Orange G, Martin J, Menapace A, et al. Rutting and moisture resistance of asphalt mixtures containing polymer and polyphosphoric acid modified bitumen[J]. Road materials and pavement design, 2004,5(3): 323-354.
[121] Li B, Li X, Kundwa M J, et al. Evaluation of the adhesion characteristics of material composition for polyphosphoric acid and SBS modified bitumen based on surface free energy theory[J]. Construction and Building Materials, 2021,266: 121022.
[122] 魏建明，张玉贞，S Youtcheef John. 多聚磷酸对沥青表面自由能的影响[J]. 石油学报(石油加

工), 2011,27(2): 280-285.

[123] Li L, Li Z, Wang Y, et al. Relation Between Adhesion Properties and Microscopic Characterization of Polyphosphoric Acid Composite SBS Modified Asphalt Binder[J]. Frontiers in Materials, 2021,8: 633439.

[124] Xu X, Yu J, Zhang C, et al. Investigation of aging behavior and thermal stability of styrene-butadiene-styrene tri-block copolymer in blends[J]. 폴리머, 2016,40(6): 947-953.

[125] Jahromi S G, Khodall A. Effects of nanoclay on rheological properties of bitumen binder[J]. Construction and building materials, 2009,23(8): 2894-2904.

[126] Ploacco G, Stastna J, Biondi D, et al. Relation between polymer architecture and nonlinear viscoelastic behavior of modified asphalts[J]. Current opinion in colloid & interface science, 2006,11(4): 230-245.

[127] 冯乔. 多聚磷酸复合改性沥青流变特性及混合料路用性能研究[D]. 西安:长安大学, 2019.

[128] 孙艳娜, 李立寒. 基于流变性能试验的沥青高温性能评价指标研究[J]. 建筑材料学报, 2019,22(5):750-755.

[129] 黄卫东, 孙立军, 张志全, 等. 沥青针入度指数的研究[J]. 同济大学学报(自然科学版),2005,33(3):306-310.

[130] 陈佩茹. 关于沥青感温性指标的讨论[J]. 交通运输工程学报, 2002,2(2): 23-26.

[131] 于新, 孙文浩, 罗怡琳, 等. 橡胶沥青温度敏感性评价方法研究[J]. 建筑材料学报, 2013(2): 266-270,283.

[132] 陈静云, 赵勇, 李玉华. 基于一种新型蠕变试验仪的沥青蠕变性能[J]. 沈阳建筑大学学报(自然科学版),2015(2):193-200,285.

[133] 谭忆秋, 符永康, 纪伦, 等. 橡胶沥青低温评价指标[J]. 哈尔滨工业大学学报, 2016,48(3):66-70.

[134] 王文涛, 罗蓉, 冯光乐, 等. 旋转粘度试验影响因素与粘温曲线绘制研究[J]. 武汉理工大学学报(交通科学与工程版), 2016,40(3): 514-518.

[135] 王琨, 郝培文. BBR 试验的沥青低温性能及粘弹性分析[J]. 辽宁工程技术大学学报(自然科学版), 2016,35(10): 1138-1143.

[136] 董雨明, 谭忆秋, 柳浩, 等. 硬级铺面沥青低温性能评价指标研究[J]. 公路, 2015,60(11):176-182.

[137] 黄琪, 刘安, 严二虎. 高模量改性沥青低温性能多指标评价研究[J]. 公路,2022,67(3):42-48.

[138] 尹应梅, 张肖宁. 基于分数阶导数的沥青混合料动态黏弹行为[J]. 中南大学学报(自然科学版), 2013,44(9): 3891-3897.

[139] 王佳部. 基于数字图像技术的陆相页岩微观结构特征研究[D]. 西安:西安石油大学,2020.

[140] 崔文峰. SBR 反应共混改性沥青制备及结构与热贮存稳定性能研究[D]. 兰州:西北师范大学, 2008.

[141] 聂鑫垚. 高浓度 SBS 改性沥青制备过程中的相容体系和流变学的研究[D]. 上海:华东理工大学, 2020.

[142] Robertson R E, Branthaver J F, Harnsberger P M, et al. Fundamental Properties of Asphalts and Modified Asphalts, Volume 1; Interpretive Report[R]. United States. Federal Highway Administration, 2001.

[143] Lesueur D. The colloidal structure of bitumen: Consequences on the rheology and on the mechanisms of bitumen modification[J]. Advances in colloid and interface science, 2009,145(1-2): 42-82.

[144] Michalica P, Kazatchkov I B, Stastna J, et al. Relationship between chemical and rheological properties of two asphalts of different origins[J]. Fuel, 2008,87(15-16): 3247-3253.
[145] Loeber L, Muller G, Morel J, et al. Bitumen in colloid science: a chemical, structural and rheological approach[J]. Fuel, 1998,77(13): 1443-1450.
[146] 胡皆汉, 郑学仿. 实用红外光谱学[M]. 北京:科学出版社,2011.
[147] 赖增成. SEAM 改性沥青及沥青混合料路用性能试验研究[D]. 重庆:重庆交通大学, 2008.
[148] 张起森, 冯俊领, 查旭东. 大粒径沥青混合料路用性能研究[J]. 长沙理工大学学报(自然科学版),2004(1):8-13.
[149] Marasteanu M O, Basu A, Hesp S A M, et al. Time-Temperature Superposition and AASHTO MP1a Critical Temperature for Low-temperature Cracking[J]. International Journal of Pavement Engineering, 2004,5(1): 31-38.
[150] Liu J, Zhao S, Li L, et al. Low temperature cracking analysis of asphalt binders and mixtures[J]. Cold Regions Science and Technology, 2017,141(9): 78-85.
[151] 舒志强. AC-13 型钢渣—橡胶沥青混合料表面层的热学参数及高低温性能研究[D]. 西安:长安大学, 2021.